高等职业教育（本科）计算机类专业系列教材

数据库应用与管理

主　编　张春波　许国彬　付海燕

副主编　朱嵩宇　张峰连　郝连涛

参　编　颜　实　刘　婧　马　骏

机械工业出版社

本书全面系统地介绍了数据库的核心技术与应用实践。书中首先概述了数据库的基本概念和体系结构，为初学者提供了扎实的理论基础。随后，深入剖析了 SQL 语言的使用、数据类型的选择以及查询优化等关键技术，帮助读者提升数据库操作效率。

此外，本书还重点介绍了数据库的高级特性，例如，存储过程、触发器和数据安全等，为读者提供了实现数据库安全防护、性能优化的实用方案。同时，结合丰富的实战案例，展示了数据库在数据处理、分析与应用方面的强大能力，为读者提供了宝贵的经验借鉴。

本书既可作为高等职业教育本科计算机类专业的教学用书，也可作为相关技术人员的参考用书。通过阅读本书，读者将能够全面掌握数据库的核心技术，为项目的开发与实施提供有力的技术支持。

本书配有电子课件、源代码，选用本书作为教材的教师可登录机械工业出版社教育服务网（www.cmpedu.com）注册后免费下载，或联系编辑（010-88379194）咨询。本书还配有微课，读者可扫码观看。

图书在版编目（CIP）数据

数据库应用与管理 / 张春波，许国彬，付海燕主编.
北京 ：机械工业出版社，2024. 11. ——（高等职业教育
（本科）计算机类专业系列教材）. —— ISBN 978-7-111
-76935-4

Ⅰ．TP311.132.3
中国国家版本馆CIP数据核字第202420RJ53号

机械工业出版社（北京市百万庄大街22号　邮政编码100037）
策划编辑：李绍坤　　　　　　责任编辑：李绍坤　张星瑶
责任校对：龚思文　牟丽英　　封面设计：马精明
责任印制：刘媛
北京中科印刷有限公司印刷
2025 年 1 月第 1 版第 1 次印刷
184mm×260mm · 10印张 · 227千字
标准书号：ISBN 978-7-111-76935-4
定价：39.00元

电话服务　　　　　　　　　网络服务
客服电话：010-88361066　　机　工　官　网：www.cmpbook.com
　　　　　010-88379833　　机　工　官　博：weibo.com/cmp1952
　　　　　010-68326294　　金　书　　　网：www.golden-book.com
封底无防伪标均为盗版　　机工教育服务网：www.cmpedu.com

前 言

在当今信息化社会，数据已成为企业运营、决策以及科学研究的重要基石。数据库作为数据管理和处理的核心工具，其重要性不言而喻。MySQL 作为目前流行的关系数据库管理系统之一，广泛应用于各行各业，其稳定性、可靠性和高效性得到了广大用户的认可。

本书从数据库技术的基本概念、体系结构和设计范式入手，深入浅出地讲解了数据库核心技术和应用实践。本书共 8 个项目，包括项目 1 数据库概述、项目 2 字符集与数据类型、项目 3 数据库的建立与使用、项目 4 数据查询、项目 5 数据处理与视图、项目 6 存储过程与触发器、项目 7 数据安全与优化和项目 8 综合项目实战。内容涵盖了 SQL 语言、数据类型、表操作、查询优化、索引技术、视图、存储过程、触发器、安全、备份恢复和性能优化等方面。

本书力求做到理论与实践相结合，除了详细讲解数据库技术的理论知识外，还通过丰富的实例和案例，帮助读者更好地理解和掌握数据库技术。同时，本书也注重培养读者的实际操作能力，提供了大量的实践任务和练习题，让读者能够深入理解数据库的核心原理和技术细节，巩固所学知识，从而更加高效地利用数据库进行数据处理和管理，提升实际开发水平和能力。

本书在结构布局上条理分明，内容充实而详尽，全书以多个项目为主线，每个项目均遵循统一且规范的编排结构，包括项目导言、学习目标、任务描述、知识准备、任务实施、项目小结、课后习题以及学习评价，为读者提供了全面而系统的学习路径。其中，项目导言通过实际情景对本项目学习的主要内容进行了解；学习目标对本项目内容的学习提出要求；任务描述对当前任务的实现进行概述；知识准备对当前任务所需的知识进行讲解；任务实施对当前任务进行具体的实现；项目小结对本项目学习内容进行总结，使读者全面掌握所讲内容。

本书由哈尔滨职业技术大学的张春波、浪潮集团的许国彬和齐鲁理工学院的付海燕任主编，哈尔滨职业技术大学的朱嵩宇、枣庄科技职业学院的张峰连和山东化工职业学院的郝连涛任副主编，枣庄科技职业学院的颜实、泰山学院的刘婧和山东化工职业学院的马骏参加编写。其中，张春波和许国彬负责本书的整体策划、组织、沟通协调和全书统稿工作并编写了项目 1、项目 2 和项目 8，付海燕编写了项目 3 和项目 4，朱嵩宇、张峰连、郝连涛负责编写了项目 5、项目 6 和项目 7，颜实、刘婧、马骏共同进行了本书的修改完善工作。

由于编者水平有限，书中难免存在不足之处，欢迎读者批评指正。

编 者

二维码索引

序号	名称	图形	页码	序号	名称	图形	页码
1	1-2		015	9	5-1		092
2	2-1		032	10	5-2		100
3	3-1		052	11	6-1		114
4	3-2		059	12	6-2		119
5	3-3		065	13	7-1		128
6	4-1		074	14	7-2		132
7	4-2		078	15	7-3		140
8	4-3		082	16	8-1		145

目 录

项目 1

数据库概述

项目导言

　　数据库在实际应用和软件开发过程中，主要起到数据存储和查询的作用，只有学好数据库，才不会因开发软件或应用过程中数据结构多、如何创建表和查询数据而苦恼。学习数据库，一般要从数据库基本原理开始，这些基础知识是数据库开发人员必须具备的基本知识，让我们一起跟随本项目，来了解数据库和MySQL数据库吧。

学习目标

- ➤ 掌握如何设计关系数据库；
- ➤ 熟悉数据库设计的重要性；
- ➤ 熟悉数据库的设计范式；
- ➤ 具备设计关系数据库的能力；
- ➤ 具备使用安装MySQL软件的能力；
- ➤ 具备安装MySQL管理工具的能力；
- ➤ 具备精益求精、坚持不懈的精神；
- ➤ 具有团队协作能力；
- ➤ 具备灵活的思维和处理分析问题的能力；
- ➤ 具有责任心。

 任务1 ▶ **认识数据库**

任务描述

数据库技术是现代信息系统的基础和核心，在计算机应用领域中起着至关重要的作用，它的出现和使用极大地促进了计算机应用领域的发展。本任务主要通过对数据库相关知识进行介绍，了解关系数据库如何设计、关系模型怎么转数据库设计的规范等，在任务实施过程中通过绘制E-R图和关系图来认识和了解数据库。

知识准备

一、了解数据库的基本使用

数据库在操作管理系统中的应用是非常广泛的，可以说应用在各行各业，不论是公司还是集团，都需要数据库来存储数据。对软件而言，无论是C/S还是B/S架构的软件，只要涉及存储大量数据，一般都需要数据库支撑。传统数据库很大一部分用于商务领域，以及国家科技发展领域等。随着信息时代的发展，数据库也相应地产生了一些新的应用领域，主要表现在如图1-1所示的6个领域中。

图1-1 数据库的6个应用领域

数据库技术是现代信息系统的基础和核心，在计算机应用领域中起着至关重要的作用，它的出现和使用极大地促进了计算机应用领域的发展。目前在生活中经常使用的应用软件，例如，百度、京东、新浪和网易等都需要使用数据库系统进行数据的更新及存储。为了更加精准地使用数据，需要对数据进行分类、存储和检索。

（1）信息

信息是现实世界事物的存在方式或运动状态的反映，它通过多种形式展现，例如，文字、数字、符号、图形和声音等。信息具有可感知、可存储和可加工等自然属性，是各行各业不可或缺的资源。

（2）数据

数据不等于信息，数据是对客观事件进行记录并可以鉴别的符号，是数据库中存储的基本对象，是信息的具体表现形式。例如，"小红是一名2022年入学的计算机工程学院软件技术专业的学生，性别女，于2004年3月出生，天津人"。但是计算机不能直接识别以上自然语言，为了存储和处理这些信息，就需要抽象出这些事物的特征，以组成一条记录来描述。通过分析，可以得到以下信息：

（小红，女，2004.3，天津，计算机工程学院，软件技术，2022）

以上这条记录就是数据。对于这条记录，分析其含义就会推理出之前所描述的信息。因此，数据是数据库中存放的基本对象，是信息的载体，而信息则是数据的内容，是数据的解释。

（3）数据处理

数据处理也称为信息处理，是数据转化为信息的过程。数据处理的内容主要包括数据的收集、组织、整理、存储、加工、维护、查询和传播等一系列活动。数据处理的目的是从大量的数据中，根据数据自身的规律和它们之间固有的联系，通过分析、归纳和推理等科学手段，提取出有效的信息资源。数据处理的工作分为3个方面：

1）数据管理——收集信息，将信息用数据表示并按类别组织保存。

2）数据加工——对数据进行变换、抽取和运算。

3）数据传播——信息在空间或时间上以各种形式传递。

（4）数据库

数据库，简而言之就是存放数据的仓库，是为了实现一定目的，按照某种规则组织起来的数据的集合，用户可以对仓库中的数据进行新增、截取、更新和删除等操作。

（5）数据库系统

数据库系统是由数据库及其管理软件组成的系统，是存储介质、处理对象和管理系统的集合体，具有整体数据结构化、数据的共享性高、冗余度低且易扩充、数据独立性高、数据由数据库管理系统统一管理和控制等优点。

（6）数据库管理系统

数据库管理系统是操纵数据、管理数据库的软件，为用户或应用程序提供访问数据的方法，数据库管理系统功能强大，主要包括：数据定义功能；数据操纵功能；数据组织、存储与管理功能；数据库运行管理功能；数据库保护功能；数据库维护功能；数据库接口功能。

数据定义功能（Data Definition Language，DDL）：主要用于建立、修改数据库的库结构。

数据操纵功能（Data Manipulation Language，DML）：主要用于实现对数据的增加、删除、更新和查询等操作。

数据组织、存储与管理功能：主要用于分类组织、存储和管理数据字典、用户数据、存取路径等，数据库管理系统需确定以何种文件结构和存取方式在存储器上组织这些数据，如何实现数据之间的联系。

数据库运行管理功能：主要用于多用户环境下的并发控制、安全性检查和存取限制控制、完整性检查和执行、运行日志的组织管理、事务的管理和自动恢复，这些功能保证了数据库系统的正常运行。

数据库保护功能：主要用于保护数据库中的数据，数据库管理系统通过对数据库的恢复、并发控制、完整性控制和安全性控制实现对数据库的保护。

数据库维护功能：主要由各个使用程序实现数据库的数据载入、转换、转储、数据库的重组和重构以及性能监控等功能。

数据库接口功能：主要通过与操作系统的联机处理、分时系统及远程作业输入等相关接口实现数据的传送。

二、认识关系数据库

1. 认识数据模型

数据模型由3部分组成，即模型结构、数据操作和完整性规则。数据库管理系统（Database Management System，DBMS）所支持的数据模型分为3种：层次模型、网状模型和关系模型。

用树形结构表示各实体及实体之间联系的模型称为层次模型。该模型的实际存储数据由链接指针来体现联系。层次模型的特点：有且仅有一个节点，无父节点，这个节点即为根节点，其他节点有且仅有一个父节点；适合表示一对多的联系。

用网状结构表示各实体及实体之间联系的模型称为网状模型。网状模型至少有一个节点可以有多于一个的双亲节点，也允许一个以上的节点无双亲节点，适合表示多对多的联系。

层次模型和网状模型本质上都是一样的。它们存在的缺陷：难以实现系统扩充，当插入或删除数据时，涉及大量链接指针的调整。

在关系模型中，一个关系就是一张二维表，通常将一个没有重复行、重复列的二维表看成一个关系，每个关系都有一个关系名。二维表的每一行在关系中称为元组（记录），二维表的每一列在关系中称为属性（字段），每个属性都有一个属性名，属性值则是各元组属性的取值。在关系型数据库中，关系模型就是一张二维表，如图1-2所示。因此，一个关系型数据库就是若干个二维表的集合。

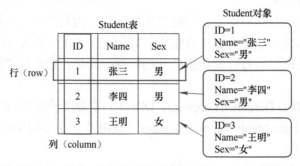

图1-2 关系模型二维表

2. 认识关系数据库

关系型数据库是一种建立在关系模型上的数据库，是目前非常受欢迎的数据库管理系统。常用的关系型数据库有 MySQL 、SQL Server、Access、Oracle和DB2等。一张关系数据库表，如图1-3所示。

e_id	e_name	sex	professional	education	political	birth	marry	gz_time	d_id	bz
100100	李明	男	副教授	硕士	党员	1967-02-01	否	1989-09-01	B001	是
100101	李小光	男	讲师	本科	党员	1970-03-01	否	1995-10-02	B001	是
100102	张伟键	男	教授	本科	党员	1965-05-06	是	1989-07-08	B003	是
100103	石小华	女	教授	硕士	党员	1978-06-07	是	2000-01-01	A001	是
100104	黄莉	女	助讲	硕士	群众	1976-03-04	否	2001-05-06	A002	是
100105	余明平	男	教授	硕士	党员	1960-05-12	是	1983-04-05	B001	是
100106	苏小明	男	教授	硕士	群众	1956-04-13	是	1980-04-03	B003	是
100107	汤光明	男	教授	硕士	群众	1983-01-04	是	2007-12-06	A004	是
100108	谢建设	男	副教授	博士	民进	1987-02-08	否	2013-08-15	A005	是
100109	胡晓群	女	讲师	博士	党员	1990-09-28	否	2015-05-23	B005	是
100330	李正中	男	副教授	硕士	群众	1970-10-29	否	1995-10-01	B002	是
100331	王君君	女	教授	博士	党员	1956-11-18	否	1978-12-07	B003	是
100332	赵剑	男	讲师	博士	党员	1967-12-25	否	1989-04-08	B005	是
100333	欧阳	女	副教授	博士	民进	1966-03-08	否	1988-02-09	B003	是
200100	李明义	男	讲师	硕士	党员	1965-04-17	否	1987-08-10	B005	是
200101	孙美灵	男	讲师	硕士	党员	1977-05-16	否	2000-09-11	B003	是
200102	王世明	男	副教授	硕士	党员	1973-03-21	否	1996-07-21	A004	是
200103	张平娜	女	讲师	硕士	党员	1973-04-23	否	2008-06-22	A001	是
200104	李美丽	女	讲师	博士	九三学社	1982-12-01	是	2007-05-01	B001	是
200105	苏珍珍	女	副教授	本科	党员	1966-08-11	是	1990-08-01	B003	是
200220	张白燕	女	讲师	博士	群众	1987-05-01	是	2011-09-02	A001	是
200221	李青青	女	副教授	本科	群众	1964-10-06	是	1990-04-03	A001	是

图1-3　关系数据库表

表中有e_id、e_name、sex、professional、education、political、birth、marry、gz_time、d_id和bz共11个字段，分别代表员工的编号、姓名、性别、职称、学历、政治面貌、出生日期、婚姻状态、参加工作时间、部门编号和编制情况，这反映了表的结构。关系模式的格式为：关系表名（字段1，字段2，字段3，……，字段n）。

EMPLOYEES表的关系模式如下。

EMPLOYEES（e_id, e_name, sex, professional, education, political, birth, marry, gz_time, d_id, bz）

在关系表中，通常指定某个字段或字段的组合的值来唯一地表示对应的记录，我们把这个字段或字段的组合称为主码（也叫主键或关键字）。

三、关系数据库设计

数据库设计一般需要经过需求分析、概念结构设计、逻辑设计、物理设计、数据库实施和数据运行等阶段。概念结构设计主要是对需求进行归纳和抽象，是一个独立于具体DBMS的概念模型，通常情况下用E-R图标识。逻辑设计阶段主要是将概念结构转换为数据模型，也称关系模式。

1. 实体、属性、联系

概念数据模型简称概念模型，是用户容易理解的现实世界特征的数据抽象，用于建立信息世界的模型。概念模型表示方法很多，其中最为著名的是P.P.Chen于1976年提出的E-R（Entity-Relationship）模型即实体-关系模型。E-R图由实体、属性、关系三部分构成。

实体（Entity）：客观存在的具体事物，也可以是抽象的事件。例如，学生管理系统中的学生（如张三、李四等）、课程（如高等数学、大学英语等）等。严格地说，实体指表中的一行特定数据，但在开发时，也常常把整个表称为一个实体。

实体集（Entity Set）：同类实体的集合，例如，全体学生、全体教师等。

属性（Attribute）：可以理解为实体的特征。例如，"学生"这一实体的特征有姓名、性别、年龄等。

在数据库设计中，用矩形表示实体，用椭圆形表示属性，用菱形表示实体与实体之间的联系，如图1-4所示。

图1-4 实体、属性、实体与实体间联系的描述方法

关系（Relationship）：关系是指两个或多个实体之间的关联关系。各实体之间的关系一般有以下3种：

1）一对一关系（1:1）：在该关系中，对于实体集A中的每一个实体，实体集B中存在有一个实体与之关系，记为1:1。例如，一个学生只能有一个学号，一个学号只能属于一个学生，则学生与学号之间就是一对一的关系，如图1-5a所示。

2）一对多关系（1:n）：在该关系中，对于实体集A中的每一个实体，实体集B中有n个实体与之关系。反之，对于实体集B中的每一个实体，实体集A中将会有一个实体与之关系，记为1:n。例如，一个班级可以有多个学生，但一个学生只能属于一个班级，则班级与学生之间的关系就属于一对多关系，如图1-5b所示。

3）多对多关系（m:n）：在该关系中，对于实体集A中的每一个实体，实体集B中有n个实体与之关系。反之，对于实体集B中的每一个实体，实体集A中也有m个实体与之关系，记为m:n。例如，一个学生可以选修多门课程，反过来，一门课程也可被多个学生选修，则学生与课程之间的关系就属于多对多关系，如图1-5c所示。

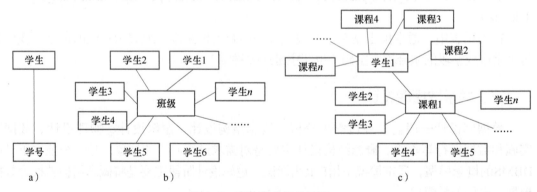

图1-5 实体集之间的关系

a）1:1关系 b）1:n关系 c）m:n关系

E-R图：也称为"实体-关系图"，用于描述现实世界中的事物，以及事物与事物之间的关系。其中E表示实体，R表示关系。它提供了表示实体类型、属性和关系的方法。

（1）逻辑数据模型

逻辑数据模型是由概念模型转换得到的，简称逻辑模型，是一种面向数据库系统的模型，是具体的DBMS所支持的数据模型，既要面向用户，又要面向系统，主要用于DBMS的实现。逻辑模型中的相关术语如下。

字段（Field）：在数据库中，表的"列"称为"字段"，每个字段包含某一专项信息。例如，在学生管理数据库中，"学号""姓名"都是表中所有行共有的属性，所以把这些列称为"学号"字段和"姓名"字段。

数据记录（Data Record）：在数据库中，数据记录是指对应于数据源中一行信息的一组完整的相关信息。例如，学生信息表中的关于某位学生的所有信息为一条数据记录。

表（Table）：由行和列组成，行对应表中的记录，列对应表中的字段。

（2）物理数据模型

物理数据模型是物理层次上的数据模型，主要描述数据在物理存储介质上的组织结构，它与具体的DBMS相关，也与操作系统和硬件相关。

2. 关系模型

在数据库系统中，数据模型通常可以分为层次模型、网状模型和关系模型3种，其中关系模型应用最为普遍。关系模型于20世纪70年代初由美国IBM公司的E.F.Codd提出，为数据库技术的发展奠定了理论基础。关系模型就是一张二维表，它由行和列组成。关系模型相关术语如下：

1）关系（Relation）。一个关系就是一张二维表，见表1-1。

表1-1　学生信息表

学号	姓名	性别	出生日期	联系电话	专业
190001	王成	男	1998.12.26	13323898911	软件技术
190002	张月	女	2001.7.11	15523550009	电子商务
……	……	……	……	……	……

2）元组（Tuple）。元组也称为记录，关系表中的每行对应一个元组，组成元组的元素称为分量。例如，表1-1中有多个元组，（190001，王成，男，1998.12.26，13323898911，软件技术）是一个元组，由6个分量组成。

3）属性（Attribute）。表中的一列即为一个属性，给每个属性取一个名称为属性名。例如，表1-1中有6个属性（学号，姓名，性别，出生日期，联系电话，专业）。属性的取值范围称为域。例如，表1-1中"性别"属性的域是"男"或"女"。若关系中的某一属性或属性组的值能唯一标识一个元组，且从这个属性组中去除任何一个属性，都不再具有这样的性质，则称该属性或属性组为候选码（Candidate key），候选码简称为码，例如，表1-1中候选码之一为"学号"属性，如果表中"姓名"属性值没有重复的，则"姓名"属性也可以为候选码。在关系中，候选码中的属性称为主属性，不包含在任何候选码中的属性称为非主属性。

4）主键（Primary key）。若一个关系中有多个候选码，则选定其中一个为主键。例如，表1-1中"学号"属性为主码。

四、数据库设计的重要性与设计步骤

1. 数据库设计的重要性

也许有同学会有疑问，在项目开发和技能训练中，为什么现在要强调先设计再创建数据库及数据表呢？原因非常简单，正如房地产开发商开发一个楼盘前，需要请人设计施工图一样，在实际的数据库项目开发中，如果系统的数据存储量较大，设计的表比较多，表和表之间的关系比较复杂，首先就需要进行规范化的数据库设计，然后进行具体的创建数据库、创建表的工作。无论是制作企业门户网站，还是桌面窗口程序，数据库设计的重要性不言而喻。如果设计不当，会存在数据库异常、数据冗余等问题，程序性能也会受到极大的影响。通过进行规范的数据库设计，可以消除不必要的数据冗余，获得合理的数据结构，提高项目的使用性能。良好的数据库设计表现在以下3个方面。

1）可提高系统的工作效率。

2）便于管理系统的进一步扩展。

3）使应用程序的开发变得更加容易。

2. 数据库设计的步骤

设计人员在设计数据库时，首先需要掌握数据库的设计步骤，在实际的项目开发中需要经过需求分析、概念设计、逻辑设计、物理设计、系统实施和运行维护六个阶段。

无论数据库的大小和程序复杂度如何，在进行数据库的系统分析时，都可以参考下面的基本步骤进行数据库设计。

（1）需求分析阶段

该阶段用于分析客户的业务和数据处理需求。创建数据库之前，必须充分理解数据库需要完成的任务和功能。简单地说，就是需要了解数据库需要存储哪些信息、实现哪些功能。以学生管理系统数据库为例，需要了解学生管理系统的具体功能，以及在后台数据库中需要保存哪些数据。例如，学生管理系统的需求如下：

1）学生入校后，需要收集学生的基本信息，例如，学号、姓名、性别、专业和家庭地址等。

2）学生上课前，为方便学生选课，需要为学生提供课程信息，例如，课程编号、课程名称、授课教师、学时和学分等。

3）学期结束后，为方便保存学生各科成绩，后台数据库需要存储学生的各科成绩信息，例如，学号、课程编号和成绩等。

（2）概念设计阶段

在收集需求信息后，在需求分析阶段了解客户的业务和数据处理需求后，就进入了概念设计阶段。我们需要和项目团队的其他成员及客户沟通，讨论数据库的设计是否满足客户的业务和数据处理需求。与建筑行业需要施工图一样，数据库设计也需要图形化的表达方式即E-R图来表示。必须标识数据库要管理的关键对象或实体，实体可以是有形的事物，例如，学生或产品；也可以是无形的事物，例如，课程、成绩。在系统中标识这些实体后，与它们相关的实体就会条理清楚。以学生管理系统为例，需要标识出系统中的主要实体如下。

1）学生：包含学生的基本信息。

2）课程：包含课程的基本信息。

3）成绩：记录成绩的具体信息。

数据库中的每个不同的实体都拥有一个与其对应的表，按照以上学生管理系统需求，在学生管理系统数据库中会对应至少三张表，分别是学生表、课程表和成绩表。

（3）逻辑设计阶段

1）分解出实体的属性。该阶段是将E-R图转换为多张表，进行逻辑设计，确认各表的主外键。将数据库中的主要实体标识为表的候选实体以后，就要标识每个实体存储的详细信息，也称为该实体的属性，这些属性将组成表中的列（或字段）。简单地说，就是需要细分出每个实体中包含的子成员信息。下面以学生管理系统为例，分解出每个实体的子成员信息。

① 学生（学号，姓名，性别，出生日期，专业，联系电话，家庭住址等）。

② 课程（课程编号，课程名称，授课教师，课程类型，学时，学分等）。

③ 成绩（学号，课程编号，课程名称，成绩等）。

2）标识实体之间的关系。关系型数据库有一项非常强大的功能，即它能够关联数据库中各个项目的相关信息。不同类型的信息可以单独存储，但是如果需要，数据库引擎还可以根据需要将数据组合起来。在设计过程中，要标识实体之间的关系，首先需要分析数据库表，确定这些表在逻辑上是如何相关的，然后添加关系建立起表之间的连接。以学生管理系统为例，课程与成绩有主从关系，我们需要在成绩实体中标明其对应的课程号。

五、数据库的设计范式

构造数据库必须遵循一定的规则，在关系数据库中，这种规则就是范式。关系按其规范化程度从低到高可分为5级，分别是第一范式、第二范式、第三范式、第四范式和第五范式。一般情况下需要满足最低要求的范式，即第一范式，在第一范式的基础上进一步满足要求更多的范式称为第二范式，以此类推，数据库在设计过程中需要满足第三范式。下面主要介绍第一范式、第二范式和第三范式。

1. 第一范式

第一范式（First Normal Form，1NF）的目标是确保每列的原子性。如果每列（或者每个属性值）都是不可再分的最小数据单元（也称为最小的原子单元），则满足第一范式。

例如，学生基本信息表（学号，姓名，性别，出生日期，专业，课程，授课老师等），主键为"学号"，其他列全部依赖于主键列。

如果业务需求中不需要再拆分各列，则该表已经符合第一范式。

2. 第二范式

第二范式（Second Normal Form，2NF）在第一范式的基础上更进一层，其目标是确保表中的每列都和主键相关。如果一个关系满足第一范式（1NF），并且除了主键以外的其他列都全部依赖于该主键，则满足第二范式（2NF）。

例如，在学生基本信息表（学号，姓名，性别，出生日期，专业，课程，授课老师等）中，如果需要将"课程"列拆分为课程编号、课程名称、课程类型等信息时，以上各列并没有完全依赖于主键"学号"列，违背了第二范式的规定。所以，需使用第二范式的原则对学生信息表进行规范化之后分解成以下两个表。

学生信息表（学号，姓名，性别，出生日期，专业等），主键为"学号"，其他列全部依赖于主键列。

课程信息表（课程编号，课程名称，课程类型，学时等），主键为"课程编号"，其他列全部依赖于主键列。

3. 第三范式

第三范式（Third Normal Form，3NF）在第二范式的基础上更进一层，第三范式的目标是确保每列都和主键列直接相关，而不是间接相关。如果一个关系满足第二范式（2NF），并且除了主键以外的其他列都只能依赖于主键列，列和列之间不存在相互依赖关系，则满足第三范式（3NF）。

例如，如果要表示某个学生的各门课程的成绩信息，则需要再分解一个成绩表出来。

成绩表（学号，课程编号，成绩），主键为"学号"+"课程编号"属性组，其他列全部依赖于主键列。

任务实施

学生管理系统需存储的数据包括学生的基本信息、选课信息和成绩信息等。其中，学生的基本信息包括：学号、姓名、性别、出生日期、专业、联系电话和家庭住址等；学生选课信息包括：课程编号、课程名称、授课教师、课程类型、学时和学分等；成绩信息包括：学号、课程编号和成绩等。

如何绘制学生管理数据库的E-R图呢？在实际应用中，用户可采用Microsoft Visio工具或者其他绘图工具通过以下四个步骤的操作，实现学生管理数据库的设计。

其绘制的步骤如下：

第一步：分析确定实体集。

在学生管理数据库中有三个实体集，分别是学生、课程、成绩，学生进行选课时，学生信息与课程信息关联，学生考试结束形成课程成绩，这时课程信息与成绩信息关联。

学生实体集（student）的属性有：学号、姓名、性别、出生日期、专业、联系电话、家庭住址。其中，用"学号"来唯一标识各学生信息，主键为"学号"。

课程实体集（course）的属性有：课程编号、课程名称、授课教师、课程类型、学时、学分。其中，用"课程编号"来唯一标识各课程信息，"课程编号"为主键。

成绩实体集（score）的属性有：学号、课程编号、成绩。其中，一个学生的学号可对应多门课程的成绩，而一门课程也有可能对应多个学生选修的成绩。

第二步：E-R图设计。

根据以上分析画出学生管理系统数据库E-R图，如图1-6所示。

第三步：将E-R图转换为关系模式。

学生表（student）：学号、姓名、性别、出生日期、专业、联系电话、家庭住址。其中，用"学号"来唯一标识各学生信息，主键为"学号"。

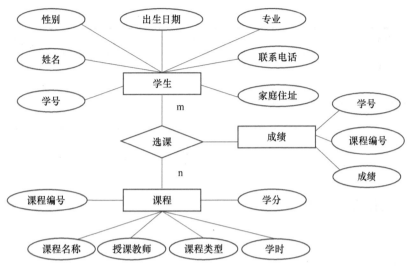

图1-6 学生管理系统数据库E-R图

课程表（course）：课程编号、课程名称、授课教师、课程类型、学时、学分。其中，用"课程编号"来唯一标识各课程信息，主键为"课程编号"。

成绩表（score）：学号、课程编号、成绩。其中，一个学生的学号可对应多门课程编号的成绩，而一个课程编号也有可能对应多个学生的成绩。

第四步： 规划学生管理数据库中各数据表的结构。

通过以上的步骤分析，已经可以确定学生管理数据库中所需包含的3个表的各字段信息，具体表结构，见表1-2～表1-4。

表1-2 学生表（student）结构

字段名	字段说明	备注
sNo	学号	
name	姓名	
sex	性别	值为"男"或"女"
birthday	出生日期	
spec	专业	
phone	联系电话	
address	家庭住址	

表1-3 课程表（course）结构

字段名	字段说明	备注
cNo	课程编号	
cName	课程名称	
teacher	授课教师	
type	课程类型	
cHours	学时	
credit	学分	

表1-4　成绩表（score）结构

字段名	字段说明	备注
sNo	学号	引用student表主键
cNo	课程编号	引用course表主键
result	成绩	

任务2　认识MySQL

任务描述

　　MySQL数据库系统使用最常用的数据库管理语言——结构化查询语言（SQL）进行数据库管理。MySQL将数据保存在不同的表中，而不是将所有数据放在一个大仓库内，这样就增加了速度并提高了灵活性。本任务主要是安装MySQL数据库，在任务实施过程中了解MySQL的概念和特征，以及管理工具，并对MySQL数据类型和基本语句有基础的认识。

知识准备

一、认识SQL

　　结构化查询语言（Structured Query Language，SQL）是重要的关系数据库操作语言之一。1974年，在IBM公司圣约瑟研究实验室研制的大型关系数据库管理系统System R中，使用了Sequel语言，后来在Sequel语言的基础上发展出SQL。1986年10月，美国国家标准学会（ANSI）通过了SQL美国标准，接着国际标准化组织（ISO）颁布了SQL正式国际标准。1989年4月，ISO提出了具有完整性特征的SQL 89标准。1992年11月，ISO又公布了SQL 92标准，在这个标准中，数据库管理系统分为3个级别：基本集、标准集和完全集。

　　SQL基本上独立于数据库本身、使用的机器、网络和操作系统。基于SQL的DBMS产品可以运行在从个人机、工作站到基于局域网、小型机和大型机的各种计算机系统上，具有良好的可移植性。

二、MySQL概述

　　MySQL数据库可以称得上是目前运行速度非常快的SQL语言数据库。相对于Oracle、DB2等数据库来说，MySQL数据库的使用非常简单。在系统学习MySQL数据库之前，需要先了解MySQL数据库技术的基本概念、特点及版本等信息。

1. MySQL数据库简介

MySQL数据库由瑞典 MySQL AB公司开发，目前是属于 Oracle 公司旗下的产品。作为关系型数据库应用软件之一，MySQL是开放源代码的，因此任何人都可以下载并根据自己的需要对其进行修改。

同时，由于其体积小、速度快、总体拥有成本低，一般中小型网站的开发都选择MySQL作为网站数据库。MySQL数据库系统使用最常用的数据库管理语言——结构化查询语言（SQL）进行数据库管理。此外，MySQL数据库系统将数据保存在不同的表中，而不是将所有数据放在一个大仓库内，这样就增加了速度并提高了灵活性。

2. MySQL数据库的特点

MySQL数据库是一个精巧的SQL数据库管理系统，主要有以下特点：

1）InnoDB作为默认的数据库存储引擎，是一种成熟、高效的事务引擎，目前已经被广泛使用。

2）提升了系统的可用性，InnoDB集群为数据库提供集成的原生高可用解决方案。

3）在MySQL 8.0之前，出现自增主键的问题。MySQL 8.0解决了自增主键不能持久化的问题。

4）InnoDB表的DDL支持事务完整性，要么成功要么回滚，将DDL操作回滚日志写入隐藏表中。

5）在MySQL 8.0中，索引可以被"隐藏"和"显示"。

6）从MySQL 8.0开始，新增了一个称为"窗口函数"的概念，它可以用来实现若干新的查询方式。

7）MySQL 8.0大幅改进了对JSON的支持，添加了基于路径查询参数。

8）MySQL 8.0在安全性方面，对OpenSSL进行了改进，新的默认身份验证、SQL角色、密码强度和授权精细度，使数据库更安全，性能更好。

9）MySQL 8.0在性能模式下，查询等操作的速度是MySQL 5.7的2倍。

10）NoSQL：MySQL从5.7版本开始提供NoSQL存储功能，在8.0版本中，这部分功能得到了更大的改进。

三、MySQL管理工具

MySQL的管理维护工具非常多，除了系统自带的命令行管理工具之外，还有许多其他的图形化管理工具，例如，MySQL Workbench、SQLyog和phpMyAdmin等。MySQL的图形化管理工具可以分为两大类：基于Web版的图形化客户端和基于桌面版的图形化客户端。本书将重点介绍基于桌面版的Navicat工具的使用。

Navicat for MySQL是一套专为MySQL设计的高性能图形用户界面（GUI）管理工具。该工具易学易用，很受用户欢迎。在Navicat官网下载，下载完成后，双击安装包即可进行安装。

1）双击安装文件进行安装。此时会弹出"许可协议"对话框，选择"我同意此协议"单选按钮，再单击"下一步"按钮即可，如图1-7所示。

2）选择安装目标位置，单击"浏览"按钮可以根据实际选择安装目录，如图1-8所示。

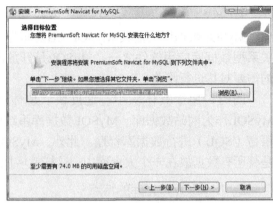

图1-7　选择安装许可协议　　　　　　　　图1-8　选择安装位置

3）在接下来的安装步骤中，直接连续单击"下一步"按钮即可安装完成，如图1-9所示。

图1-9　安装完成

四、MySQL数据类型

在创建表时，必须为各字段列指定数据类型。列的数据类型决定了数据的存储形式和取值范围。MySQL支持的数据类型有数值型、字符串型、日期时间型、文本型、BLOB型、ENUM枚举型以及SET集合型等，特别强调，MySQL 8.0还支持JSON数据类型。

例如，要创建一个进货单表，各字段的数据类型和取值如下。

商品编号	CHAR（5）
商品名称	VARCHAR（50）
数量	INT
单价	FLOAT（6,2）
进货日期	DATE
备注	TEXT

其中，CHAR（5）表示5个的固定长度的字符串，VARCHAR（50）表示变长字符串，INT表示整数型，FLOAT（6,2）表示总长度为6位、小数位为2位的浮点数。DATE是日期型，表示，例如，"2019-05-01"这样的值，如果是TIME时间型，则可以表示，例如，"12:30:30"这样的值；MySQL还支持日期、时间的组合，例如，"2019-05-01 12:30:30"，则可以选

DATETIME类型；TEXT是文本型，一般存储较长的备注、日志信息等。

关于MySQL所支持的数据类型，以及怎样选择合适的数据类型将在后面的任务中详细讲解。

五、MySQL基本语句

MySQL的主要语句有CREATE、INSERT、UPDATE、DELETE、DROP和SELECT等。

例如，创建一个数据库TEST，在数据库中创建一个表NUMBER，然后进行一系列的操作：向表插入数据、更新表数据、查询表数据、删除表的数据、删除表和删除数据库等。可执行如下SQL语句。

```
mysql>CREATE DATABASE TEST;                                      //创建数据库TEST
mysql>USE TEST;                                                  //指定到数据库TEST中操作
mysql>CREATE TABLE NUMBER( NO CHAR（6）RPIMARY KEY, N_NAME CHAR（8）);
                                                                 // 创建表NUMBER
mysql>INSERT INTO NUMBER VALUES('001', '李明');                   //向表NUMBER中插入数据
mysql>UPDATE NUMBER SET N_NAME='李明' WHERE NO='001';             //更新NUMBER表数据
mysql>SELECT * FROM NUMBER;                                      //查询NUMBER表数据
mysql>DELETE FROM NUMBER;                                        //删除表的数据
mysql>DROP TABLE NUMBER;                                         //删除表
mysql>DROP DATABASE TEST;                                        //删除数据库TEST
```

任务实施

本任务主要是从Windows系统上下载MySQL文件，并进行安装，具体步骤如下。

扫码观看视频

第一步：先选择MySQL 8.0版本和Windows操作系统，如图1-10所示。

图1-10　选择MySQL下载版本

第二步：下载Windows操作系统下的MySQL 8.0.18安装包，解压缩后双击，进入安装向导。接受安装协议后，可以选择安装类型，选择自定义安装，如图1-11所示。进入选择安装服务界面，如图1-12所示。

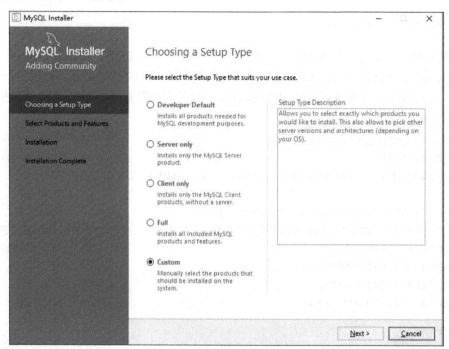

图1-11　安装类型选择界面

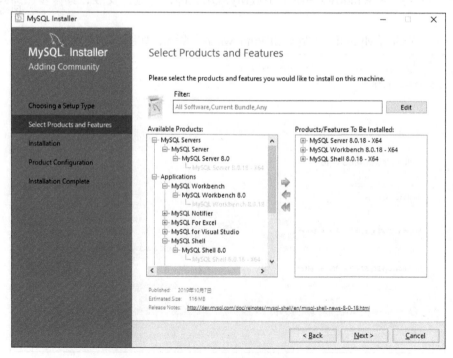

图1-12　选择安装服务界面

　　第三步：选择所需要的安装服务。单击"Next"按钮进入下一步，确认安装服务并单击"Execute"按钮开始安装，如图1-13和图1-14所示。

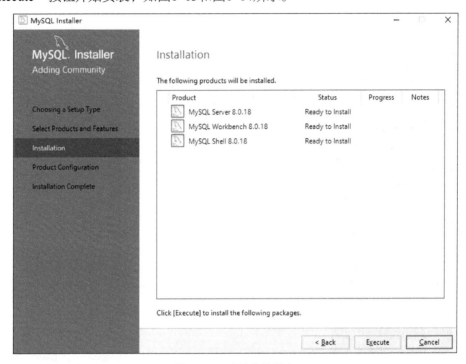

图1-13　确认安装服务

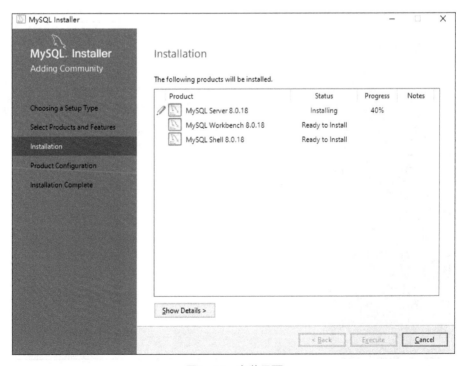

图1-14　安装界面

　　第四步：等待所有服务安装完成，界面中"Status"列显示"Complete"，如图1-15所示。单击"Next"按钮，进入产品的配置向导，如图1-16所示。单击"Next"按钮，进入配置界面。

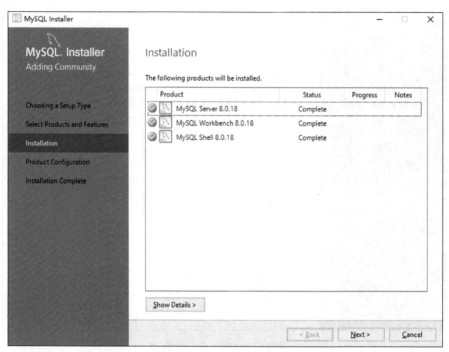

图1-15　安装完成界面

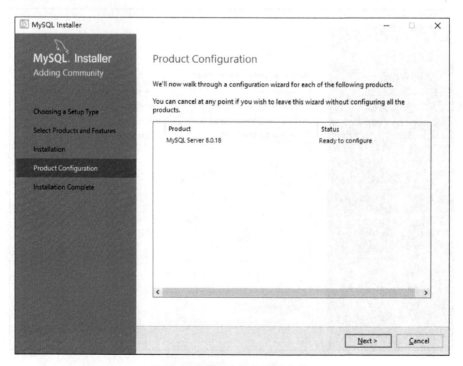

图1-16　进入产品的配置向导

第五步：进入配置界面后，可以选择的配置类型有2种：Standalone MySQL Server/Classic MySQL Replication（单台配置）和InnoDB Cluster（集群配置）。在这里选择第一种，如图1-17所示。

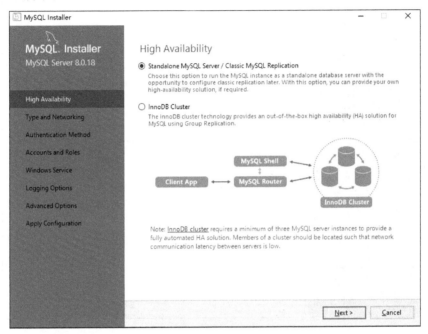

图1-17　配置界面

第六步：单击"Next"按钮进行服务器类型选择，这里仅是用来学习和测试，保持默认选项就可以，单击"Next"按钮，如图1-18所示。

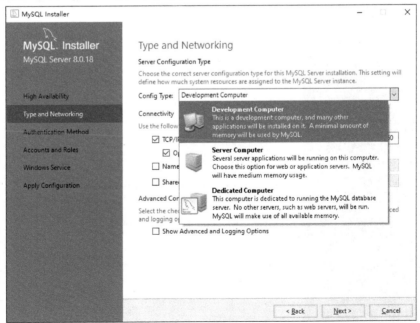

图1-18　服务器类型选择

第七步：根据需求对MySQL的端口名称、管道名称和共享内存名称进行设置。MySQL默认端口为3306，这里保持默认选项即可，单击"Next"按钮，如图1-19所示。

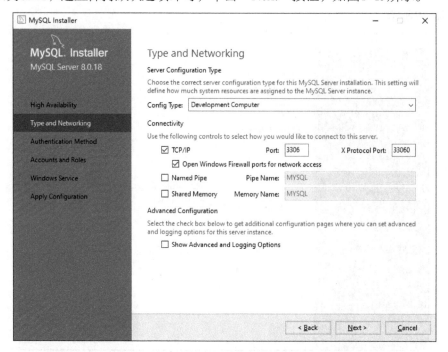

图1-19　对MySQL的端口名称、管道名称和共享内存名称进行设置

第八步：进入身份认证类型选择界面。安装MySQL时，为了保证安全性，选择使用强密码进行身份验证，单击"Next"按钮，如图1-20所示。

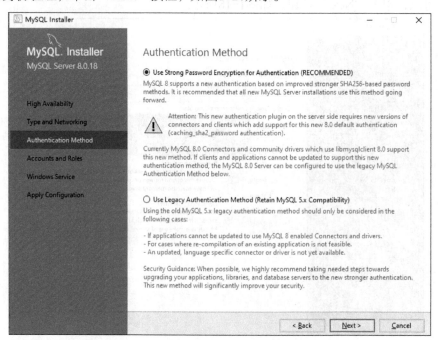

图1-20　身份认证类型选择界面

第九步：进入用户与授权界面，将高强度密码赋予管理员，例如，"MysqlServer 12345!@"。在这里不创建新的访问用户，则"MySQL User Accounts"不需要进行配置，单击"Next"按钮，如图1-21所示。

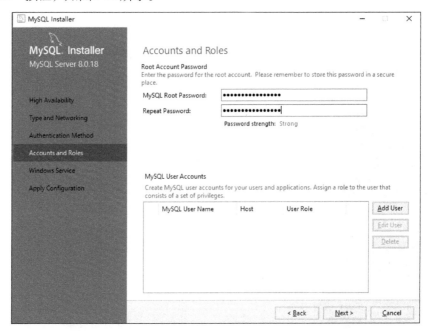

图1-21 用户与授权界面

第十步：进入"Windows Service"配置页面，保持默认选项即可，单击"Next"按钮，如图1-22所示。

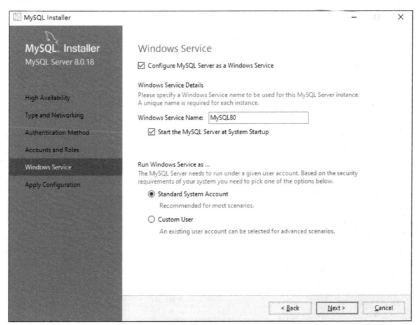

图1-22 "Windows Service"配置界面

　　第十一步：进入应用配置界面，直接单击"Execute"按钮进行安装，如图1-23所示。等待配置完成即可，如图1-24所示。

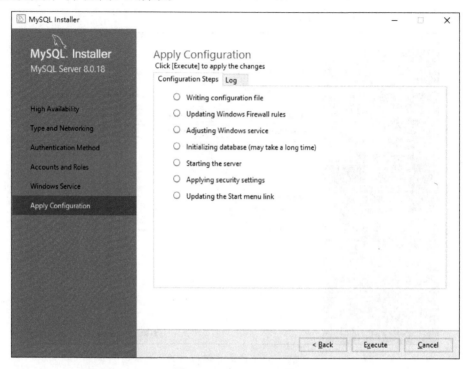

图1-23　应用配置界面

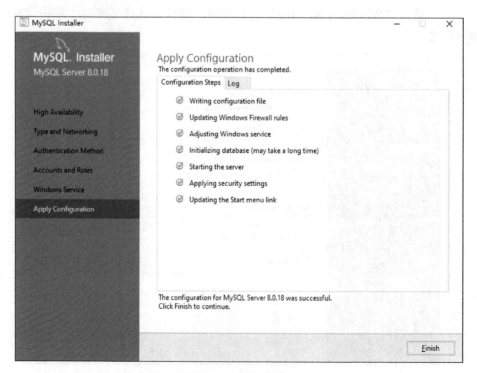

图1-24　配置完成

第十二步：启动MySQL服务。

MySQL安装成功后，此时客户端如果要连接数据库，首先需要启动服务进程。默认情况下，MySQL安装完成后，会自动启动服务。当然也可以手动控制MySQL服务的启动和停止，有以下两种方式。

方法一：通过Windows服务管理器可以查看MySQL服务是否开启，首先单击"开始"→"运行"，在"运行"对话框中输入"services.msc"命令，单击"确定"按钮，界面如图1-25所示。也可通过"控制面板"打开Windows服务管理器。

图1-25　打开Windows服务管理器

MySQL服务成功启动，"服务"窗口，如图1-26所示。如果没有启动，可以直接双击MySQL服务项打开"属性"对话框，通过单击"启动"按钮来修改服务的状态。

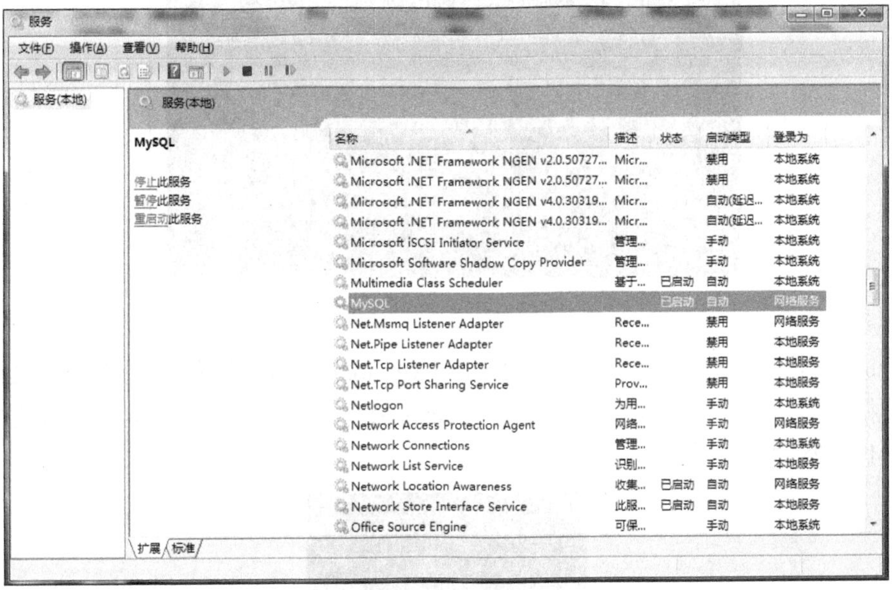

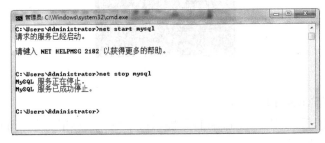

图1-26　查看MySQL服务

方法二：运行"cmd"命令，打开命令提示符窗口，输入"net start mysql"命令来启动MySQL服务，同样也可输入"net stop mysql"命令来停止MySQL服务，如图1-27所示。

图1-27　启动MySQL服务

第十三步：通过命令行连接MySQL。

进入命令提示符窗口，通过MySQL命令来登录MySQL数据库，其语法格式如下：

```
mysql -h <服务器主机名> -u<用户名> -p<密码>
```

参数说明：

1）-h用于远程登录MySQL服务器，如果在本机操作可省略-h参数。

2）-u表示登录MySQL服务器的用户，这里以root用户为例登录。

3）-p后面可以不写密码，按<Enter>键后服务器会提示输入密码。如果写密码，-p和密码之间没有空格。

例如，使用root用户、密码是"123456"的身份登录到本地数据库服务器的方法，如图1-28所示。登录成功后，可以看到"mysql>"提示符，"mysql>"提示符告诉用户MySQL服务器已经准备好接收输入命令了。

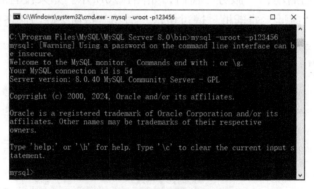

图1-28　登录MySQL服务器

登录成功后，可以在提示符下输入"select version(),user();"命令来查看MySQL的版本信息及连接的用户名。也可以输入"show databases;"命令来查看服务器中默认数据库的信息，如图1-29所示。

图1-29　在控制台输入操作命令

第十四步：关闭MySQL服务器连接。

成功连接服务器后，可以在"mysql>"提示符下输入"exit"或"quit"或"\q"命令断开与服务器的连接，如图1-30所示。

图1-30 关闭MySQL服务器连接

需要注意的是，只有在成功登录mysql服务器后，才能在"mysql>"提示符下正常运行MySQL数据库的相关操作命令。

项目小结

本项目通过E-R图的绘制和安装MySQL数据库，使读者对数据库和关系型数据库有了初步的了解，能够掌握E-R图的绘制和关系模型的转换，能够成功安装和配置MySQL软件，并能够通过所学知识打开学习MySQL数据库的大门。

课后习题

选择题

（1）数据库系统的核心是（   ）。

    A. 数据模型　　　　　　　　　　　B. 数据库管理系统

    C. 数据库　　　　　　　　　　　　D. 数据库管理员

（2）E-R图提供了表示信息世界中实体、属性和（   ）的方法。

    A. 数据　　　　B. 联系　　　　C. 表　　　　D. 模式

（3）E-R图是数据库设计的工具之一，它一般适用于建立数据库的（   ）。

    A. 概念模型　　　B. 结构模型　　　C. 物理模型　　　D. 逻辑模型

（4）将E-R图转换为关系模式时，实体与联系都可以表示成（   ）。

    A. 属性　　　　B. 关系　　　　C. 键　　　　D. 域

（5）在关系数据库设计中，设计关系模式属于数据库设计的（   ）。

    A. 需求分析阶段　　　　　　　　　B. 概念设计阶段

    C. 逻辑设计阶段　　　　　　　　　D. 物理设计阶段

（6）SQL具有（   ）的功能。

    A. 关系规范化、数据操纵、数据控制　　B. 数据定义、数据操纵、数据控制

    C. 数据定义、关系规范化、数据控制　　D. 数据定义、关系规范化、数据操纵

（7）可用于从表或视图中检索数据的SQL语句是（　　　）。

    A．SELECT语句　　　　　　　　　　B．INSERT语句

    C．UPDATE语句　　　　　　　　　　D．DELETE语句

（8）SQL又称（　　　）。

    A．结构化定义语言　　　　　　　　B．结构化控制语言

    C．结构化查询语言　　　　　　　　D．结构化操纵语言

（9）以下关于MySQL的说法中错误的是（　　　）。

    A．MySQL是一种关系数据库管理系统

    B．MySQL软件是一种开放源码软件

    C．MySQL服务器工作在客户端服务器模式下，或嵌入式系统中

    D．MySQL完全支持标准的SQL语句

（10）有一名为"销售"的实体，含有商品名、客户名和数量等属性，该实体的主键是（　　　）。

    A．商品名　　　　　　　　　　　　B．客户名

    C．商品名+客户名　　　　　　　　D．商品名+数量

学习评价

通过学习本项目，看自己是否掌握了以下技能，在技能检测表中标出已掌握的技能。

评价标准	个人评价	小组评价	教师评价
（1）是否具备绘制E-R图的能力			
（2）是否具备将E-R图转换为关系模型的能力			
（3）是否具备成功安装MySQL数据库的能力			
（4）是否具备安装MySQL管理工具的能力			

注：A为能做到；B为基本能做到；C为部分能做到；D为基本做不到。

项目 2

字符集与数据类型

项目导言

　　MySQL能够使用多种字符集来储存字符串，并使用多种校对规则来比较字符串，可以实现在同一台服务器、同一个数据库，甚至在同一个表中使用不同的字符集或校对规则来混合字符串。MySQL支持40多种字符集的多种校对规则，让我们跟随本项目，一起来学习吧。

学习目标

➢ 了解字符集的校对规则；

➢ 熟悉设置MySQL字符集的方法；

➢ 了解使用MySQL字符集时的建议；

➢ 掌握MySQL常用的数据类型；

➢ 熟悉数据类型的附加属性；

➢ 具备独立设置MySQL字符集的能力；

➢ 具备为数据选择合适的数据类型的能力；

➢ 具备精益求精、坚持不懈的精神；

➢ 具有独立解决问题的能力；

➢ 具备灵活的思维和分析、处理问题的能力；

➢ 具有责任心。

设置字符集

MySQL字符集支持细化到4个层次：服务器（Server）、数据库（DataBase）、数据表（Table）和连接层（Connection）。MySQL 5.7版本服务器默认的字符集是latin1（ISO-8859-1），如果不进行设置，那么连接层级、客户端级和结果返回级、数据库级、表级、字段级都默认使用latin1字符集。在向表录入中文数据、查询包括中文字符的数据时，会出现"？"之类的乱码现象。本任务主要是从认识字符集和校对规则着手，学习MySQL支持的字符集和校对规则，并着重了解latin1、UTF-8和GB 2312字符集；通过认识描述字符集的系统变量，掌握修改默认字符集的方法，并掌握在实际应用中如何选择合适的字符集。

知识准备

一、认识字符集和校对规则

字符是指人类语言中最小的表义符号，是计算机中字母、数字和符号的统称。一个字符可以是一个中文汉字、一个英文字母、一个阿拉伯数字或者一个标点符号等，在计算机中以二进制的形式进行存储。而字符集是定义了字符和二进制的对应关系，为字符分配了唯一的编号。例如，给定字符列表为{'A', 'B'}时，{'A'=>0, 'B'=>1}就是一个字符集。常见的字符集有ASCII、GBK和IOS-8859-1等。

校对规则（Collation）也可以称为排序规则，是指在同一个字符集内字符之间的比较规则。字符集和校对规则是一对多的关系，每个字符集都有一个默认的校对规则。字符集和校对规则相辅相成，相互依赖关联。简单来说，字符集用来定义MySQL存储字符串的方式，校对规则用来定义MySQL比较字符串的方式。

确定字符序后，才能在一个字符集上定义什么是等价的字符，以及字符之间的大小关系。每个字符序唯一对应一种字符集，但一种字符集可以对应多个字符序，其中有一个是默认字符序（Default Collation）。

MySQL的字符序名称遵从命名惯例：以字符序对应的字符集名称开头；以_ci（表示大小写不敏感）、_cs（表示大小写敏感）或_bin（表示按编码值比较）结尾。

二、支持的字符集和校对规则

MySQL中，字符集和校对规则是区分开的，必须设置字符集和校对规则。一般情况下，没有特殊需求，只设置其一即可。只设置字符集时，MySQL 会将校对规则设置为字符集中对应的默认校对规则。

MySQL 8.0服务器能够支持41种字符集和272个校对规则。使用SHOW CHARACTER SET语句列出可用的字符集，代码如下。MySQL 8.0支持的字符集如图2-1所示。

MySQL>SHOW CHARACTER SET;

```
+----------+-----------------------------+----------------------+--------+
| Charset  | Description                 | Default collation    | Maxlen |
+----------+-----------------------------+----------------------+--------+
| armscii8 | ARMSCII-8 Armenian          | armscii8_general_ci  |      1 |
| ascii    | US ASCII                    | ascii_general_ci     |      1 |
| big5     | Big5 Traditional Chinese    | big5_chinese_ci      |      2 |
| binary   | Binary pseudo charset       | binary               |      1 |
| cp1250   | Windows Central European    | cp1250_general_ci    |      1 |
| cp1251   | Windows Cyrillic            | cp1251_general_ci    |      1 |
| cp1256   | Windows Arabic              | cp1256_general_ci    |      1 |
| cp1257   | Windows Baltic              | cp1257_general_ci    |      1 |
| cp850    | DOS West European           | cp850_general_ci     |      1 |
| cp852    | DOS Central European        | cp852_general_ci     |      1 |
| cp866    | DOS Russian                 | cp866_general_ci     |      1 |
| cp932    | SJIS for Windows Japanese    | cp932_japanese_ci    |      2 |
| dec8     | DEC West European           | dec8_swedish_ci      |      1 |
| eucjpms  | UJIS for Windows Japanese   | eucjpms_japanese_ci  |      3 |
| euckr    | EUC-KR Korean               | euckr_korean_ci      |      2 |
| gb18030  | China National Standard GB18030 | gb18030_chinese_ci |    4 |
| gb2312   | GB2312 Simplified Chinese   | gb2312_chinese_ci    |      2 |
| gbk      | GBK Simplified Chinese      | gbk_chinese_ci       |      2 |
| geostd8  | GEOSTD8 Georgian            | geostd8_general_ci   |      1 |
| greek    | ISO 8859-7 Greek            | greek_general_ci     |      1 |
| hebrew   | ISO 8859-8 Hebrew           | hebrew_general_ci    |      1 |
| hp8      | HP West European            | hp8_english_ci       |      1 |
| keybcs2  | DOS Kamenicky Czech-Slovak  | keybcs2_general_ci   |      1 |
| koi8r    | KOI8-R Relcom Russian       | koi8r_general_ci     |      1 |
| koi8u    | KOI8-U Ukrainian            | koi8u_general_ci     |      1 |
| latin1   | cp1252 West European        | latin1_swedish_ci    |      1 |
| latin2   | ISO 8859-2 Central European | latin2_general_ci    |      1 |
| latin5   | ISO 8859-9 Turkish          | latin5_turkish_ci    |      1 |
| latin7   | ISO 8859-13 Baltic          | latin7_general_ci    |      1 |
| macce    | Mac Central European        | macce_general_ci     |      1 |
| macroman | Mac West European           | macroman_general_ci  |      1 |
| sjis     | Shift-JIS Japanese          | sjis_japanese_ci     |      2 |
| swe7     | 7bit Swedish                | swe7_swedish_ci      |      1 |
| tis620   | TIS620 Thai                 | tis620_thai_ci       |      1 |
| ucs2     | UCS-2 Unicode               | ucs2_general_ci      |      2 |
| ujis     | EUC-JP Japanese             | ujis_japanese_ci     |      3 |
| utf16    | UTF-16 Unicode              | utf16_general_ci     |      4 |
| utf16le  | UTF-16LE Unicode            | utf16le_general_ci   |      4 |
| utf32    | UTF-32 Unicode              | utf32_general_ci     |      4 |
| utf8     | UTF-8 Unicode               | utf8_general_ci      |      3 |
| utf8mb4  | UTF-8 Unicode               | utf8mb4_0900_ai_ci   |      4 |
+----------+-----------------------------+----------------------+--------+
41 rows in set (0.01 sec)
```

图2-1 MySQL 8.0支持的字符集

其中：

1）第一列（Charset）为字符集名称。

2）第二列（Description）为字符集描述。

3）第三列（Default collation）为字符集的默认校对规则。

4）第四列（Maxlen）表示字符集中一个字符占用的最大字节数。

常用的字符集如下：

1）latin1：支持西欧字符、希腊字符等。

2）gbk：支持中文简体字符。

3）big5：支持中文繁体字符。

4）utf8：几乎支持所有国家的字符。

查看当前MySQL使用的字符集，代码如下，当前MySQL使用的字符集如图2-2所示。

```
SHOW VARIABLES LIKE 'character%';
```

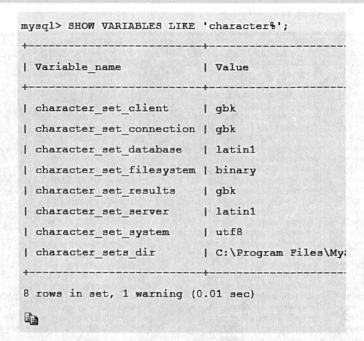

图2-2　当前 MySQL 使用的字符集

上述运行结果参数说明见表2-1。

表2-1　参数说明

名称	说明
character_set_client	MySQL客户端使用的字符集
character_set_connection	连接数据库时使用的字符集
character_set_database	创建数据库时使用的字符集
character_set_filesystem	MySQL服务器文件系统使用的字符集，默认值为binary，不做任何转换
character_set_results	数据库给客户端返回数据时使用的字符集
character_set_server	MySQL服务器使用的字符集，建议由系统自己管理，不要人为定义
character_set_system	数据库使用的字符集，默认值为utf8，不需要设置
character_sets_dir	字符集的安装目录

任何一个字符集可能有一个校对规则，也可能有几个校对规则。要想列出一个字符集的校对规则，需要使用SHOW COLLATION语句。

例如，查看"latin1"字符集的校对规则，示例代码如下。

```
mysql>SHOW COLLATION LIKE'latin1%';
```

运行代码，以"latin1"开头的校对规则，如图2-3所示。

```
+--------------------+---------+----+---------+----------+---------+-------------
--+
| Collation          | Charset | Id | Default | Compiled | Sortlen | Pad_attribut
e |
+--------------------+---------+----+---------+----------+---------+-------------
--+
| latin1_bin         | latin1  | 47 |         | Yes      |       1 | PAD SPACE
  |
| latin1_danish_ci   | latin1  | 15 |         | Yes      |       1 | PAD SPACE
  |
| latin1_general_ci  | latin1  | 48 |         | Yes      |       1 | PAD SPACE
  |
| latin1_general_cs  | latin1  | 49 |         | Yes      |       1 | PAD SPACE
  |
| latin1_german1_ci  | latin1  |  5 |         | Yes      |       1 | PAD SPACE
  |
| latin1_german2_ci  | latin1  | 31 |         | Yes      |       2 | PAD SPACE
  |
| latin1_spanish_ci  | latin1  | 94 |         | Yes      |       1 | PAD SPACE
  |
| latin1_swedish_ci  | latin1  |  8 | Yes     | Yes      |       1 | PAD SPACE
  |
+--------------------+---------+----+---------+----------+---------+-------------
--+
8 rows in set (0.00 sec)
```

图2-3 以“latin1”开头的校对规则

MySQL用于描述字符集的系统变量，示例代码如下。

```
mysql>SHOW GLOBAL VARIABLES LIKE'%character_set%';
```

1）character_set_server和collation_server：这两个变量是服务器的字符集，是默认的内部操作字符集。character_set_client：这个变量是客户端来源数据使用的字符集，用来决定MySQL怎么解释客户端发送到服务器的SQL命令。

2）character_set_connection和collation_connection：这两个变量是连接层字符集，用来决定MySQL怎么处理客户端发来的SQL命令。

3）character_set_results：这个变量是查询结果字符集。

4）character_set_database和collation_database：这两个变量是当前选中数据库的默认字符集。

5）character_set_filesystem：文件系统的编码格式，用于把操作系统上的文件名转换成该字符集，即把character_set_client转换为character_set_filesystem，默认binary是不做任何转换的。

6）character_set_system：这是数据库系统使用的编码格式。

三、使用MySQL字符集时的建议

在使用MySQL字符集时需要遵守以下规则和建议，具体如下：

建立数据库、表和进行数据库操作时，尽量显式地指出使用的字符集，而不是依赖MySQL的默认设置，否则MySQL升级时可能会有很大问题。

当使用MySQL C API（MySQL提供C语言操作的API）时，在初始化数据库句柄后用MySQL_options设定MYSQL_SET_CHARSET_NAME属性为UTF-8，这样就不用显式地用SET NAMES语句指定连接字符集，而且用MySQL_ping重连断开的长连接时也会把连接字符集重置为UTF-8。

对于MySQL PHP API，一般页面级的PHP程序运行时间较短，在连接到数据库以后显式地用SET NAMES语句设置一次连接字符集即可；但当使用长连接时，应注意保持连接通畅并在断开重连后用SET NAMES语句显式重置连接字符集。

注意服务器级、结果级、客户端级、连接层级、数据库级和表级等的字符集的统一，当数据库级的字符集设置为UTF-8时，表级和字段级的字符集也是UTF-8。

如果查询时出现数据库中文乱码现象，可以在发送查询之前使用如下代码解决这个问题。

```
mysql>SET NAMES'gb2312';
```

任务实施

本任务主要是通过修改MySQL的"my.ini"文件，将默认字符集修改为"GB 2312"。具体步骤如下：

扫码观看视频

第一步： 打开计算机，单击最上面的"查看"按钮，在打开的"查看"功能区中，找到"隐藏的项目"复选框，把它选中。这样，隐藏的文件夹就会显示出来，如图2-4所示。

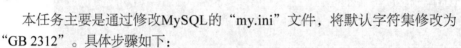

图2-4　设定显示隐藏的项目

第二步： 回到C盘，会发现C盘多了一个"ProgramData"文件夹，如图2-5所示，双击打开此文件夹。

本地磁盘 (C:)			
名称	修改日期	类型	大小
$WinREAgent	2021/6/15 8:37	文件夹	
360Safe	2020/10/20 9:26	文件夹	
AMD	2021/4/3 12:17	文件夹	
MSOCache	2021/1/5 12:02	文件夹	
OneDriveTemp	2020/10/19 19:45	文件夹	
PerfLogs	2019/12/7 17:14	文件夹	
Program Files	2022/1/19 12:06	文件夹	
Program Files (x86)	2022/1/19 12:00	文件夹	
ProgramData	2022/1/19 12:00	文件夹	
tmp	2020/12/28 14:12	文件夹	
Windows	2021/8/23 9:55	文件夹	
用户	2021/4/3 12:21	文件夹	
$WINRE_BACKUP_PARTITION.MARKER	2021/4/3 9:32	MARKER 文件	0 KB

图2-5　显示隐藏的"ProgramData"文件夹

第三步：找到MySQL的安装路径，其中的"my.ini"文件如图2-6所示。

图2-6 MySQL安装路径中的"my.ini"文件

第四步：打开"my.ini"文件，修改"[mysql]"处的默认字符集和"[mysqld]"处的默认字符集，如图2-7所示。

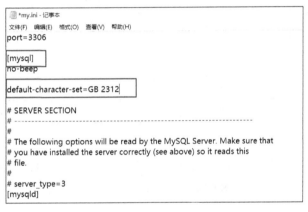

图2-7 修改"my.ini"文件

第五步：修改好后保存文件，并重启MySQL服务。

任务2 设置数据类型

任务描述

　　表是用来存放数据的，一个数据库需要多少张表，一个表中应包含多少列（字段），各个列要选择什么数据类型，是建表时必须考虑的问题。数据类型是否合理对数据库的性能也会产生一定的影响。在实际应用中，姓名、专业名、商品名和电话号码等字段可以选择VARCHAR类型；学分、年龄等字段是小整数，可以选择TINYINT类型；成绩、温度和测量值等数据要求保留一定的小数位，可以选择FLOAT类型；出生日期、工作时间等字段可以选择DATE或DATETIME类型。本任务将学习MySQL的主要数据类型的含义、特点、取值范围和存储空间，并对相关数据类型进行比较；学习如何根据字段存储数据的不同选择合适的数据类型，以及怎样附加数据类型的相关属性。

一、MySQL常用的数据类型

1. 整数类型

整数类型是数据库中最基本的数据类型。标准SQL中支持INTEGER和SMALLINT两种整数类型。MySQL数据库除了支持这两种类型以外，还扩展支持TINYINT、MEDIUMINT和BIGINT。整数类型及其取值范围见表2-2。

表2-2 整数类型

整数类型	字节数	无符号数的取值范围	有符号数的取值范围
TINYINT	1	$0\sim(2^8-1)$	$-2^7\sim(2^7-1)$
SMALLINT	2	$0\sim(2^{16}-1)$	$-2^{15}\sim(2^{15}-1)$
MEDIUMINT	3	$0\sim(2^{24}-1)$	$-2^{23}\sim(2^{23}-1)$
INT(INTEGER)	4	$0\sim(2^{32}-1)$	$-2^{31}\sim(2^{31}-1)$
BIGINT	8	$0\sim(2^{64}-1)$	$-2^{63}\sim(2^{63}-1)$

2. 浮点数类型和定点数类型

MySQL使用浮点数类型和定点数类型来表示小数。浮点数类型包括单精度浮点数（FLOAT型）和双精度浮点数（DOUBLE型），定点数类型就是DECIMAL型，见表2-3。

表2-3 浮点数类型和定点数类型

类型	字节数	负数的取值范围	非负数的取值范围
FLOAT	4	$-3.402823466E+38\sim-1.175494351E-38$	0和$1.175494351E-38\sim3.402823466E+38$
DOUBLE	8	$-1.7976931348623157E+308\sim-2.2250738585072014E-308$	0和$2.2250738585072014E-308\sim$ $1.7976931348623157E+308$
DECIMAL(M,D) 或DEC(M,D)	M+2或 D+2	有效取值范围由M和D决定，M的取值范围为[1,65]，D的取值范围为[0,30]	有效取值范围由M和D决定，M的取值范围为[1,65]，D的取值范围为[0,30]

3. TEXT类型和BLOB类型

TEXT和BLOB类型是对应的，不过存储方式不同，TEXT是以文本方式存储的，而BLOB是以二进制方式存储的。如果存储英文的话，TEXT区分大小写，而BLOB不区分大小写。TEXT可以指定字符集，BLOB不用指定字符集。4种TEXT类型见表2-4。

表2-4 TEXT的4种类型

名称	字符个数
TINYTEXT	最多255个字符
TEXT	最多65535个字符
MEDIUMTEXT	最多$2^{24}-1$个字符
LONGTEXT	最多$2^{32}-1$个字符

二进制类型是在数据库中存储二进制数据的数据类型，MySQL是用BLOB数据类型存储这些数据的。BLOB有4种类型：TINYBLOB、BLOB、MEDIUMBLOB和LONGBLOB，每种类型的最大字节长度与对应的4种TEXT类型的最大字符数相同，见表2-5。

表2-5　BLOB的4种类型

名称	字节长度
TINYBLOB	最多255个字节
BLOB	最多65535个字节（65KB）
MEDIUMBLOB	最多$2^{24}-1$个字节（16MB）
LONGBLOB	最多$2^{32}-1$个字节（4GB）

4. CHAR类型和VARCHAR类型

CHAR类型和VARCHAR类型比较见表2-6。

表2-6　CHAR类型和VARCHAR类型比较

名称	含义	字符个数
CHAR(n)	定长字符串	最多255个字符
VARCHAR(n)	可变长度的字符串	最多65535个字符

5. 日期和时间类型

日期和时间类型是为了方便在数据库中存储日期和时间而设计的，见表2-7。

表2-7　日期和时间类型

名称	含义	取值范围
YEAR	年份，如'2014'	1901～2155
TIME	时间，如'12:25:36'	
DATE	日期，如'2014-1-2'	'1000-01-01'～'9999-12-31'
DATETIME	日期和时间，如'2014-1-2 22:06:44'。日期、时间用空格隔开	年份在1000～9999，不支持时区
TIMESTAMP	日期和时间，如'2014-1-2 22:06:44'	年份在1970～2037，支持时区

TIMESTAMP类型比较特殊，如果定义一个字段的类型为TIMESTAMP，这个字段的时间会在其他字段修改的时候自动刷新。这个数据类型的字段存放的是这条记录最后被修改的时间，而不是真正的存放时间。

二、如何选择数据类型

在MySQL中创建表时，需要考虑为字段选择哪种数据类型是最合适的。选择合适的数据类型会提高数据库的使用效率。

1）SMALLINT：存储相对比较小的整数，例如，年龄、工龄和学分等。

2）INT：存储中等大小整数，例如，距离。

3）BIGINT：存储超大整数，例如，科学数据。

4）FLOAT：存储单精度的小数据，例如，成绩、温度和测量值。

5）DOUBLE：存储双精度的小数据，例如，科学数据。

6）DECIMAL：以特别高的精度存储小数据，例如，货币数额、单价和科学数据。

7）CHAR：存储通常包含预定义字符串的变量，例如，国家名称、邮编和身份证号。

8）VARCHAR：存储不同长度的字符串值，例如，名字、商品名称和密码。

9）TEXT：存储大型文本数据，例如，新闻事件、产品描述和备注。

10）BLOB：存储二进制数据，例如，图片、声音、附件和二进制文档。

11）YEAR：存储年份，例如，毕业年、工作年和出生年。

12）DATE：存储日期，例如，生日和进货日期。

13）TIME：存储时间或时间间隔，例如，开始/结束时间、两时间之间的间隔。

14）DATETIME：存储包含日期和时间的数据，例如，事件提醒。

15）TIMESTAMP：存储即时时间，例如，当前时间、事件提醒器。

16）ENUM：存储字符属性，只能从中选择之一，例如，性别、布尔值。

17）SET：存储字符属性，可从中选择多个字符的联合，例如，多项选择业余爱好和兴趣。

三、数据类型的附加属性

在建表时，除了根据字段存储的数据选择合适的数据类型外，还可以附加相关的属性。MySQL常见数据类型的属性和含义见表2-8。

表2-8　MySQL常见数据类型的属性和含义

属性	含义
NULL/ NOT NULL	数据列可包含（不可包含）NULL
DEFAULT ×××	默认值，如果插入记录的时候没有指定值，将取这个默认值
PRIMARY KEY	指定列为主键
AUTO_INCREMENT	递增，如果插入记录的时候没有指定值，则在上一条记录的值上加1，仅适用于整数类型
UNSIGNED	无符号，该属性只针对整型
CHARACTER SET name	指定一个字符集

任务实施

企业的人事管理是企业管理的一个重要内容，传统的人事管理方法不仅繁冗复杂，而且低效。例如，企业内部发生人事调动、工资变化时，传统的人事管理方法处理这些变化十分复杂。这样，传统的人事管理很难及时地反映企业的人事组成，导致企业的人力资源不能得到合理有效的配置，给企业造成了损失。这就需要把计算机技术与企业人事信息管理相结合。本任务需要设计一个人事管理数据库RSGL库，包含Employees、Departments和Salary表，请设计合理的字段和类型。

第一步：设计Employees数据库表，表结构见表2-9。

表2-9 Employees表结构

字段名	类型	长度	默认值	是否空值	是否主键	备注
E_ID	VARCHAR	8		否	是	员工编号
E_name	VARCHAR	8		是		员工姓名
sex	VARCHAR	2	男	是		性别
professional	VARCHAR	6				职称
political	VARCHAR	8				政治面貌
education	VARCHAR	8				学历
birth	DATE					出生日期
marry	VARCHAR	8				婚姻状态
GZ_time	DATE					参加工作时间
D_ID	VARCHAR	5		是	外键	与Departments关联
BZ	VARCHAR	2		是		是否为编内人员

第二步：设计数据库表Departments，表结构见表2-10。

表2-10 Departments表结构

字段名	类型	长度	默认值	是否空值	是否主键	备注
D_ID	CHAR	4		否	是	部门编号
D_name	VARCHAR	10		否		部门名称

说明：Departments表中部门编号和部门名称对应关系见表2-11。

表2-11 部门编号和部门名称对应关系

部门编号	部门名称
A001	办公室
A002	人事处
A003	宣传部
A004	教务处
A005	科技处
A006	后勤处
B001	信息学院
B002	艺术学院
B003	外语学院
B004	金融学院
B005	建筑学院

第三步：设计数据库表Salary，表结构见表2-12。

表2-12　Salary表结构

字段名	类型	长度	默认值	是否空值	是否主键	备注
E_ID	VARCHAR	8		否	外键	与Employees关联
month	DATE					月份
JIB_IN	FLOAT	6,2				基本工资
JIX_IN	FLOAT	6,2				绩效工资
JINT_IN	FLOAT	6,2				津贴补贴
GJ_OUT	FLOAT	6,2				代扣公积金
TAX_OUT	FLOAT	6,2				扣税
QT_OUT	FLOAT	6,2				其他扣款

项目小结

本项目通过对MySQL字符集与校对规则的讲解，使读者对MySQL的字符集与数据类型有了初步了解，并能够给数据选择合适的数据类型，熟悉数据类型的附加属性，为之后的MySQL学习打好基础。

课后习题

选择题

（1）（　　　）是指人类语言中最小的表义符号，是计算机中字母、数字、符号的统称。

    A. 字符　　　　　　B. 数据集　　　　　　C. 小数　　　　　　D. 字符串

（2）（　　　）定义了字符和二进制的对应关系，为字符分配了唯一的编号。

    A. 字符　　　　　　B. 字符集　　　　　　C. 数据集　　　　　　D. 字符串

（3）每个字符序唯一对应一种字符集，但一种字符集可以对应多个字符序，其中有一个是（　　　）。

    A. 默认设置　　　B. 默认字符　　　C. 默认字符集　　　D. 默认字符序

（4）要想列出一个字符集的校对规则，需要使用（　　　）语句。

    A. DROP DATABASE TEST　　　　　　B. CREATE DATABASE TEST

    C. SHOW COLLATION　　　　　　　　D. SHOW DATABASES

（5）当使用长连接时，应注意保持连接通畅并在断开重连后用（   ）语句显式重置连接字符集。

    A．SET NAMES   B．SET CLASS

    C．SET CATEGORY   D．SET DATABASE

（6）（   ）是数据库中最基本的数据类型。

    A．浮点数类型   B．时间类型   C．整数类型   D．字符串

（7）在建表时，除了根据字段存储的数据选择合适的数据类型外，还可以附加相关的（   ）。

    A．名称   B．时间戳   C．指针   D．属性

（8）MySQL是用（   ）数据类型存储二进制类型的。

    A．浮点   B．BLOB   C．字符   D．TEXT

（9）只设置字符集时，MySQL会将校对规则设置为字符集中对应的（   ）。

    A．首个校对规则   B．随机一个校对规则

    C．上次使用的校对规则   D．默认校对规则

（10）确定（   ）后，才能在一个字符集上定义什么是等价的字符，以及字符之间的大小关系。

    A．字符数   B．字符集   C．字符序   D．校对规则

学习评价

通过学习本项目，看自己是否掌握了以下技能，在技能检测表中标出已掌握的技能。

评价标准	个人评价	小组评价	教师评价
（1）是否具备独立设置MySQL字符集的能力			
（2）是否具备为数据选择合适的数据类型的能力			

    注：A为能做到；B为基本能做到；C为部分能做到；D为基本做不到。

项目 3
数据库的建立与使用

项目导言

在互联网行业兴起的今天，数据不断被信息化，运行程序时必将产生大量的数据，所以各行各业都开始使用数据库来管理数据，向无纸化存储过渡。同时这些数据还需要在以后持久化地维护。因此，合理使用数据库可以高效、有组织地存储数据，并使人们能够更快地从大量信息中提取自己需要的东西。让我们跟随本项目，一起来学习吧。

学习目标

➤ 了解创建数据库与表的方法；

➤ 熟悉索引的创建与管理；

➤ 了解约束的概念；

➤ 掌握主键约束、唯一约束、外键约束和CHECK约束；

➤ 具备独立创建数据库和表的能力；

➤ 具备独立创建和管理索引的能力；

➤ 具备精益求精、坚持不懈的精神；

➤ 具有独立解决问题的能力；

➤ 具备灵活的思维和处理分析问题的能力；

➤ 具有责任心。

任务1 创建数据库和表

任务描述

　　MySQL数据库系统由一个数据库服务器和多个数据库组成，每个数据库中可以包含多个表，表中存储着具体的数据。本任务将完成MySQL中数据库和表的创建，并向表中存储数据。在任务实现过程中，熟悉数据库和表的相关操作，包括创建、查看、修改、删除等，并掌握表中数据的插入、修改以及删除的实现。

知识准备

一、创建与管理数据库

1. 创建数据库

　　在使用数据库之前，第一步就是要创建数据库，创建完数据库才可以对其进行相关内容的查询，在MySQL中，使用CREATE DATABASE或CREATE SCHEMA命令可以创建数据库，其语法结构如下。

```
CREATE {DATABASE | SCHEMA} [IF NOT EXISTS] DB_NAME [DEFAULT] CHARACTER SET charset_name | [DEFAULT] COLLATE collation_name
```

　　【示例】创建数据库myStudent，示例代码如下。

```
CREATE DATABASE myStudent;
```

　　命令行提示"Query OK, 1 row affected (0.00 sec)"，则创建myStudent数据库成功，如图3-1所示。

```
mysql> CREATE DATABASE myStudent;
Query OK, 1 row affected (0.00 sec)
```

图3-1　创建数据库myStudent

　　【示例】创建数据库score，并指定字符集为GB 2312，示例代码如下。

```
CREATE DATABASE score
    DEFAULT CHARACTER SET gb2312
    COLLATE gb2312_chinese_ci;
```

　　命令行提示"Query OK, 1 row affected (0.00 sec)"，则创建数据库score成功，如图3-2所示。

　　说明：在MySQL中，所有命令均以分号结束";"，只有极少数命令可以省略不写分号。

```
mysql> CREATE DATABASE score
    ->     DEFAULT CHARACTER SET gb2312
    ->     COLLATE gb2312_chinese_ci;
Query OK, 1 row affected (0.00 sec)

mysql>
```

图3-2　创建数据库score

2. 查看数据库

　　数据库创建成功后，需要查看当前系统中存在哪些数据库，其语法格式如下。

```
SHOW DATABASES;
```

查看数据库，在命令框中输入"SHOW DATABASES;"并按<Enter>键，查看当前系统中的所有数据库，如图3-3所示。

从图3-3可以看出，除创建的myStudent和score数据库以外，另外显示的数据库是在MySQL安装完成后由系统自动创建的。其中mysql数据库主要负责存储数据库用户、权限设置等控制和管理信息。

创建数据库并不表示选定并使用它，要选定或使用所创建的数据库，必须执行明确的操作。为了使score成为当前的数据库，示例代码如下。

图3-3　查看数据库信息

```
USE score;
```

3. 修改数据库

数据库创建后，系统会自动采用默认的字符编码。若要修改数据库的参数，可使用ALTER DATABASE语句。修改数据库，其语法格式如下。

```
ALTER {DATABASE | SCHEMA} [db_name] [DEFAULT] CHARACTER SET charset_name | [DEFAULT]
COLLATE collation_name
```

【示例】修改myStudent数据库编码方式为utf8，示例代码如下。

```
ALTER DATABASE myStudent DEFAULT CHARACTER SET utf8 COLLATE utf8_bin;
```

若命令行提示"Query OK, 1 row affected, 2 warnings (0.00 sec)"，则修改数据库编码成功，如图3-4所示。

```
mysql> ALTER DATABASE myStudent DEFAULT CHARACTER SET utf8 COLLATE utf8_bin;
Query OK, 1 row affected, 2 warnings (0.00 sec)

mysql>
```

图3-4　修改myStudent数据库编码成功

修改数据库编码完成后，可以通过"SHOW CREATE DATABASE　数据库名;"来查看修改结果，如图3-5所示。

```
mysql> SHOW CREATE DATABASE myStudent;

| Database  | Create Database                                                          |

| myStudent | CREATE DATABASE `myStudent` /*!40100 DEFAULT CHARACTER SET utf8mb3 COLLATE ut
f8mb3_bin */ /*!80016 DEFAULT ENCRYPTION='N' */ |

1 row in set (0.00 sec)

mysql>
```

图3-5　查看myStudent数据库编码

4. 删除数据库

数据库创建后，若要删除某个数据库，可使用DROP DATABASE语句，删除数据库的语法格式如下。

```
DROP DATABASE  [IF EXISTS] db_name
```

删除score数据库，在命令框中输入"DROP DATABASE score;"并按<Enter>键，如图3-6所示。

注意：执行删除数据库命令时，数据库必须已经存在，否则会提示删除错误信息；删除了数据库，数据库里的所有表也同时被删除。最好先对数据库做好备份，再执行删除操作。

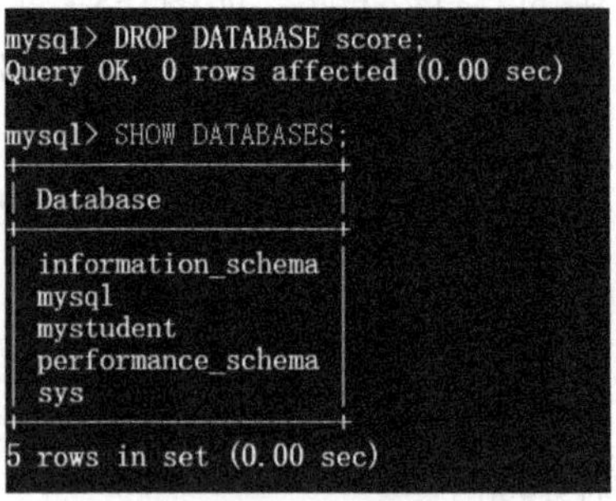

```
mysql> DROP DATABASE score;
Query OK, 0 rows affected (0.00 sec)

mysql> SHOW DATABASES;

| Database           |

information_schema
mysql
mystudent
performance_schema
sys

5 rows in set (0.00 sec)
```

图3-6 删除score数据库

二、创建与管理表

1. 创建数据表

表决定了存放数据的结构，是用来存放数据的。一个库需要什么表，各数据库表中有什么样的列，是要合理设计的。在建立了数据库之后，需按照需求进行数据库表的创建以及数据的存储。创建表的语法格式如下。

```
CREATE TABLE   数据表名(
    字段1 数据类型,
    字段2 数据类型,
    ……
    字段n 数据类型
);
```

参数说明：

1）数据表名：是需要创建的数据表的名字。

2）字段1，字段2……字段n：是指数据表中的列名。

3）数据类型：是指表中列的类型，用于指定可以存储指定类型格式的数据。

在学生成绩管理数据库myStudent中创建一个用于存储学生信息的学生表students。students学生表结构见表3-1。

表3-1 students学生表结构

字段名	数据类型	长度	是否空值	是否主键/外键	默认值	备注
s_no	定长字符型CHAR	6	否	主键		学号
s_name	定长字符型CHAR	6	否			姓名
sex	ENUM ('男', '女')	2	是		男	性别
birthday	日期型DATE		否			出生日期
d_no	定长字符型CHAR	6	否	外键		系别
address	变长字符型VARCHAR	20	否			家庭地址
phone	变长字符型VARCHAR	20	否			联系电话
photo	二进制BLOB		是			照片

创建学生表students的SQL语句如下。

```
CREATE TABLE students(
s_no CHAR(6) NOT NULL COMMENT '学号',
s_name CHAR(6) NOT NULL COMMENT '姓名',
sex ENUM ('男', '女') DEFAULT '男' COMMENT '性别',
birthday DATE NOT NULL COMMENT '出生日期',
d_no VARCHAR(6) NOT NULL COMMENT '系别',
address VARCHAR (20) NOT NULL COMMENT '家庭地址',
phone VARCHAR (20) NOT NULL COMMENT '联系电话',
photo BLOB COMMENT '照片',
PRIMARY KEY (s_no)
) ENGINE=InnoDB DEFAULT CHARSET=gb2312;
```

创建students数据表，在命令框中输入上述命令并按<Enter>键，如图3-7所示。

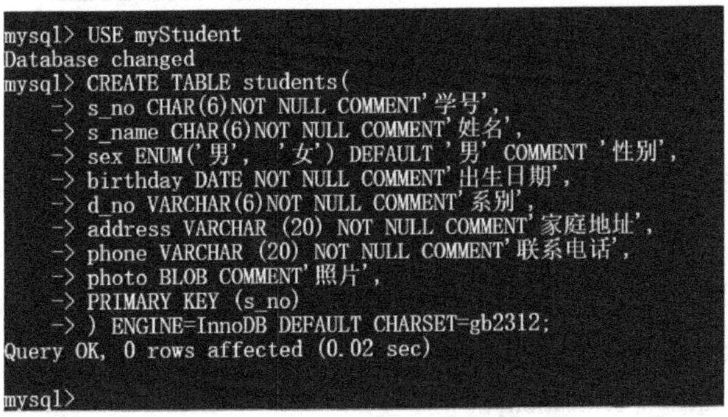

图3-7 创建students数据表

注意：在MySQL中，在录入操作命令时，所有的符号均应使用英文半角字符，例如，小括号、逗号、单引号或双引号等。另外，在命令提示符窗口中输入命令时，由于部分命令比较长，在输入时可以用<Enter>键进行换行，换行之后的命令系统会识别为同一条命令，命令换行之后会在命令行上显示符号"->"。

2. 查看数据表

数据表创建之后，用户可以对表的创建信息进行查看，例如，查看所有表、查看表结构和查看表的定义等。

（1）查看所有表

创建完数据表之后，如果需要查看该表是否已经成功创建，可以在指定的数据库中使用查看表的SQL命令。查看创建的表的命令如下。

```
SHOW TABLES;
```

查看数据库中的数据表，在命令框中输入"SHOW TABLES;"命令并按<Enter>键查看数据表，如图3-8所示。

（2）查看指定表的结构信息

拥有了数据表之后，如果需要查看数据表的结构信息，可以在指定的数据库中使用查看指定表表结构信息的SQL命令。查看指定表的结构信息的语法格式如下。

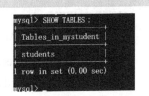

图3-8 查看数据库中的数据表

```
DESCRIBE 表名;
或
DESC 表名;
```

在学生成绩管理数据库myStudent中，要查看学生表students的结构信息，在命令框中输入“DESC students;”命令并按<Enter>键，如图3-9所示。

```
mysql> DESC students;
+----------+-----------------+------+-----+---------+-------+
| Field    | Type            | Null | Key | Default | Extra |
+----------+-----------------+------+-----+---------+-------+
| s_no     | char(6)         | NO   | PRI | NULL    |       |
| s_name   | char(6)         | NO   |     | NULL    |       |
| sex      | enum('男','女') | YES  |     | 男      |       |
| birthday | date            | NO   |     | NULL    |       |
| d_no     | varchar(6)      | NO   |     | NULL    |       |
| address  | varchar(20)     | NO   |     | NULL    |       |
| phone    | varchar(20)     | NO   |     | NULL    |       |
| photo    | blob            | YES  |     | NULL    |       |
+----------+-----------------+------+-----+---------+-------+
8 rows in set (0.00 sec)
```

图3-9 查看students表结构

3. 修改数据表

数据表创建之后，用户可以对表的结构信息进行修改，例如，修改表名、修改字段名、修改字段类型、添加字段和删除字段等。ALTER TABLE用于更改原有表的结构，例如，增加或删减列、重新命名列或表，以及修改默认字符集，其语法格式如下。

```
ALTER [IGNORE] TABLE tbl_name
alter_specification [, alter_specification] ...
alter_specification:
ADD [COLUMN] column_definition [FIRST | AFTER col_name ]          //添加字段
ALTER [COLUMN] col_name {SET DEFAULT literal | DROP DEFAULT}      //修改字段默认值
CHANGE [COLUMN] old_col_name column_definition                  //重命名字段
[FIRST|AFTER col_name]
MODIFY [COLUMN] column_definition [FIRST | AFTER col_name]        //修改字段数据类型
DROP [COLUMN] col_name                                            //删除列
RENAME [TO] new_tbl_name                                          //对表重命名
ORDER BY col_name                                                 //按字段排序
CONVERT TO CHARACTER SET charset_name [COLLATE collation_name]    //将字符集转换为二进制
[DEFAULT] CHARACTER SET charset_name [COLLATE collation_name]     //修改表的默认字符集
```

【示例】对数据students表进行以下操作。

1）在students表的d_no列后面增加一列speciality，示例代码如下。

```
ALTER TABLE students
ADD speciality VARCHAR(5) NOT NULL AFTER d_no;
```

运行代码，添加列speciality，如图3-10所示。

```
mysql> ALTER TABLE students
    -> ADD speciality VARCHAR(5) NOT NULL AFTER d_no;
Query OK, 0 rows affected (0.01 sec)
Records: 0  Duplicates: 0  Warnings: 0
```

图3-10 添加列speciality

2）在students表的birthday列后增加一列“入学日期”，并定义其默认值为“'2014-9-1'”，示例代码如下。

```
ALTER TABLE students
ADD 入学日期 DATE NOT NULL DEFAULT '2014-9-1' AFTER birthday;
```

运行代码，添加"入学日期"并设定默认值，如图3-11所示。

```
mysql>   ALTER TABLE students
    -> ADD 入学日期 DATE NOT NULL DEFAULT '2014-9-1'  AFTER birthday;
Query OK, 0 rows affected (0.01 sec)
Records: 0  Duplicates: 0  Warnings: 0
```

图3-11　添加"入学日期"并设定默认值

3）删除students表的入学日期列的默认值，示例代码如下。

```
ALTER TABLE students ALTER  入学日期 DROP DEFAULT;
```

运行代码，删除默认值，如图3-12所示。

```
mysql> ALTER TABLE students ALTER  入学日期 DROP DEFAULT;
Query OK, 0 rows affected (0.01 sec)
Records: 0  Duplicates: 0  Warnings: 0
```

图3-12　删除"入学日期"默认值

4）将students表重命名为"学生表"，示例代码如下。

```
ALTER TABLE students RENAME TO 学生表;
```

运行代码，将表重命名，如图3-13所示。

```
mysql> ALTER TABLE students RENAME TO 学生表;
Query OK, 0 rows affected (0.01 sec)
```

4. 复制表

图3-13　重命名表

在修改数据表之前，如果对没有把握的数据进行修改或删除时，可以选择先将表进行复制，可以通过CREATE TABLE命令复制表的结构和数据，其语法如下。

```
CREATE [TEMPORARY] TABLE [IF NOT EXISTS] tbl_name
[ ( ) LIKE old_tbl_name [ ] ]
| [AS (select_statement)]         ;
```

【示例】在学生成绩管理数据库myStudent中，创建students表的附表students1，示例代码如下。

```
CREATE TABLE students1 LIKE students;
```

运行代码，创建附表students1，如图3-14所示。

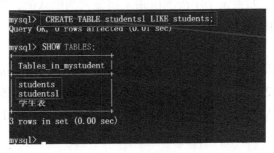

图3-14　创建附表students1

5. 删除数据表

删除数据表是指删除数据库中已存在的表，同时，如果该表中已经有记录，那么该表中的记录也会一并被删除。在数据库中删除一个表的语法格式如下。

DROP [TEMPORARY] TABLE [IF EXISTS] tbl_name [, tbl_name] ...

参数说明：

1）tb1_name：要被删除的表名。

2）IF EXISTS：避免要删除的表不存在时出现错误信息。

在学生成绩管理数据库myStudent中，删除students1表，示例代码如下。

DROP TABLE students1;

运行代码，删除students1表，如图3-15所示。

注意：在执行删除数据表DROP TABLE语句后，表将会从数据库中删除，在实际应用中一定要谨慎使用。

```
mysql> DROP TABLE students1;
Query OK, 0 rows affected (0.01 sec)
```

图3-15 删除students1表

三、表数据操作

1. 插入数据

在MySQL中，在建立了一个空的数据库和表后，首先需要考虑的是如何向数据表中添加数据。添加数据的操作可以使用INSERT语句来完成，使用INSERT语句可以向已有数据库表插入一行或者多行数据。

利用INSERT语句插入单条记录分为四种情况：插入完整的一条记录、插入不完整的一条记录、插入带有字段默认值的记录以及插入已存在主键值的记录，其语法格式如下。

INSERT INTO <表名> [(字段名列表)]

VALUES（值列表）；

参数说明：

1）INTO：用在INSERT关键字和表名之间的可选关键字，可以省略。

2）字段名列表：指定要插入的字段名，可以省略。如果不写字段名，表示要向表中的所有字段插入数据；如果写部分字段名，表示只为指定的字段插入数据，多个字段名之间用逗号分隔。

3）值列表：表示为各字段指定一个具体的值，各值之间用逗号分隔，也可以是空值NULL。在插入记录时，如果某个字段的值想采用该列的默认值，则可以用DEFAULT来代替。值列表里的各项值的数据类型要与该列的数据类型保持一致，并且字符型值需要用单引号或双引号括起来。

【示例】利用insert语句为学生成绩管理数据库myStudent中的students表中插入两行数据('132001','李平','男','1992-02-01','D001','上海市南京路1234号','021-345478',NULL)、('132002','张三峰','男','1992-04-01','D001','广州市沿江路58号','020-345498',NULL)，示例代码如下。

INSERT INTO students VALUES

('132001','李平','男','1992-02-01','D001','上海市南京路1234号','021-345478',NULL),

('132002','张三峰','男','1992-04-01','D001','广州市沿江路58号','020-345498',NULL);

运行代码，使用"SELECT * FROM <表名>;"命令来查看表的记录是否已经插入成功。插入成功代码效果如图3-16所示，已向students表中插入了两条数据。

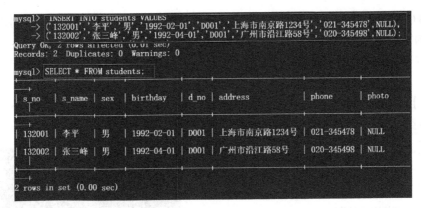

图3-16 查看students表中的数据

【练一练】请大家按照下面的格式，添加其他的学生信息，如图3-17所示。

s_no	s_name	sex	birthday	d_no	address	phone	photo
122001	张群	男	1990-02-01	D001	文明路8 号		0x
122002	张平	男	1992-03-02	D001	人民路9号		0x
122003	余亮	男	1992-06-03	D002	北京路188号	0102987654	0x
122004	李军	女	1993-02-01	D002	东风路66号	0209887766	0x
122005	刘光明	男	1992-05-06	D002	东风路110号		0x
122006	叶明	女	1992-05-02	D003	学院路89号		0x
122007	张早	男	1992-03-04	D003	人民路67号		0x
122008	聂凤卿	男	1990-01-01	D001			0x
122009	章伟峰	男	1990-03-06	D001			0x
122010	王静怡	男	1992-03-04	D001			0x
122011	俞伟光	男	1992-05-04	D001			0x
122017	曾静怡	男	1990-03-01	D001			0x
122110	程明	男	1991-02-01	D001	北京路123 号	02066635425	0x4E3A20D5D5C6AC312E6A7067
122111	程小明	男	1991-02-01	D001	北京路123 号	02066635425	0x4E3A20D5D5C6AC312E6A7067
122112	程明明	男	1991-02-01	D001	北京路123	02066635425	0x
123003	马志明	男	1992-06-02	D003	安西路10 号		0x
123004	吴文辉	男	1992-04-05	D002	学院路9号		0x
123006	张东妹	男	1992-06-07	D005	澄明路223号		0x
123007	方菊	女	1992-07-08	D005	东风路6 号		0x
123008	刘想	男	1992-03-04	D006	中山路56号		0x
132001	李平	男	1992-02-01	D001	上海市南京路1234号	021-345478	NULL
132002	张三峰	男	1992-04-01	D001	广州市沿江路58号	020-345498	NULL

图3-17 其他学生表数据参照

2. 修改数据

在MySQL中，数据库中的表拥有记录集之后，可针对数据库表中的数据进行修改、更新操作。其修改的语句用UPDATE表示。UPDATE可以用来修改单个表，也可以用来修改多个表，其语法格式如下。

```
UPDATE tbl_name
SET col_name 1= [, col_name 2=expr2 ...]
[WHERE子句]
[ORDER BY子句]
[LIMIT子句]
```

参数说明：

1）tbl_name：用在UPDATE和SET关键字之间，表示要更新的表的名字，不可以省略。

2）col_name 1= [, col_name 2=expr2 ...]：表示将对应表名中字段的值修改为一个新的值，如果有多个字段的值需要同时修改，则用逗号分隔。这里的字段名如果涉及多张表，需要用"表名.字段名"表示。

3）WHERE子句：指定要修改记录的条件，可以省略。如果不写条件，则表示将表中所有记录的字段值修改成新的值；若写了条件，则只修改满足条件的记录指定字段的值。更新时一定要保证WHERE条件子句的正确性，一旦WHERE子句出错，将会严重破坏数据表的记录。

【示例】将学号为122001的学生的A001课程成绩修改为80分，示例代码如下。

```
UPDATE SCORE SET REPORT=80 WHERE S_NO='122001';
```

运行代码，使用"SELECT * FROM <表名>;"命令来查看表的记录是否已经修改成功。score表中已将学号为122001记录的学生的A001课程成绩修改为80分，如图3-18所示。

3. 删除数据

在MySQL中，如果需要删除表中的数据，可以使用DELETE语句和TRUNCATE语句。

（1）使用DELETE语句删除表记录

DELETE语句删除表记录，其语法格式如下。

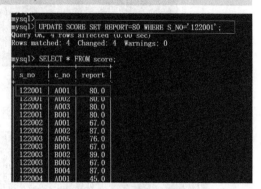

图3-18 修改表数据

```
DELETE FROM <表名> WHERE条件;
```

参数说明：

1）<表名>：表示要删除记录对应表的名字。

2）WHERE条件：表示指定要删除记录的条件。

删除学生成绩管理数据库myStudent的students表中的女生记录，示例代码下。

```
DELETE FROM students WHERE SEX='女';
```

运行代码，使用"SELECT * FROM <表名>;"命令来查看表的记录是否已经删除成功，如图3-19所示，students表中已经成功将女生记录删除。

```
mysql> DELETE FROM students WHERE SEX='女';
Query OK, 5 rows affected (0.00 sec)

mysql> SELECT * FROM students;
```

s_no	s_name	sex	birthday	d_no	address	phone	photo
122001	张群	男	1990-02-01	D001	文明路8 号		0x
122002	张平	男	1992-03-02	D001	人民路9号		0x
122003	余亮	男	1992-06-03	D002	北京路188号	0102987654	0x
122005	刘光明	男	1992-05-06	D002	东风路110号		0x
122007	张早	男	1992-03-04	D003	人民路67号		0x
122008	聂凤卿	男	1990-01-01	D001			0x

图3-19 查看删除students表中女生记录数据后的结果

（2）使用TRUNCATE语句删除表记录

TRUNCATE语句删除表记录，其语法格式如下。

```
TRUNCATE TABLE <表名>;
```

参数说明：

1）<表名>：表示要删除记录对应表的名字。

2）与DELETE语句区别：DELETE语句后面可以跟WHERE子句，通过指定WHERE子句中的条件可以删除满足条件的记录，而TRUNCATE语句是删除表中的所有记录，不能加WHERE子句。

3）使用TRUNCATE语句清空数据表后，AUTO_INCREMENT计数器会被重置为初始值。而使用DELETE语句清空数据表后，AUTO_INCREMENT计数器不会被重置为初始值。

将学生成绩管理数据库myStudent的newstudent表中的记录全部删除，示例代码如下。

```
TRUNCATE TABLE newstudent;
```

运行代码，newstudent表中已经成功删除全部记录，如图3-20所示。

注意：由于TRUNCATE TABLE语句会删除数据表中的所有数据，并且无法恢复，因此使用TRUNCATE TABLE语句时一定要十分小心。

图3-20 查看删除newstudent表中数据后的结果

四、JSON数据类型的使用

从MySQL 5.7开始，MySQL支持对JSON数据类型的使用。JSON是一种轻量级的数据交换格式，易于阅读和编写。对象在JavaScript中是使用花括号"{}"包裹起来的内容，数据结构为{key1:value1, key2:value2, ...}的键值对结构。在面向对象的语言中，KEY为对象的属性，VALUE为对应的值。键名可以使用整数和字符串来表示。值的类型可以是任意类型。

【示例】创建包含json字段的表，并填充对应的数据，示例代码如下。

第一步：创建json字段的表。

```
CREATE TABLE table_json (
    id INT(20) NOT NULL AUTO_INCREMENT,
    DATA JSON DEFAULT NULL,
    PRIMARY KEY (id)
);
```

第二步：向表中插入数据。

```
INSERT INTO table_json(data) VALUES('{"Tel": "132223232444","name": "david","address": "Beijing"}');
insert into table_json(data) VALUES('{"Tel": "13390989765","name": "Mike","address": "Guangzhou"}');
```

第三步：查看数据。

```
SELECT * FROM table_json;
```

插入后的数据格式，如图3-21所示。

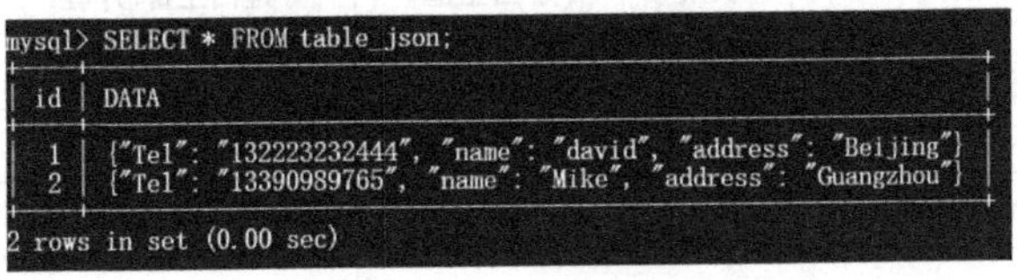

图3-21 插入后的数据格式

任务实施

第一步：打开myStudent数据库，示例代码如下。

```
USE myStudent;
```

扫码观看视频

运行代码，打开myStudent数据库，如图3-22所示。

第二步：根据course（课程表）结构创建course表，course（课程表）表结构，见表3-2。

```
mysql> USE myStudent;
Database changed
mysql> _
```

图3-22　打开myStudent数据库

表3-2　course（课程表）表结构

字段名	数据类型	长度	是否空值	是否主键/外键	默认值	备注
c_no	定长字符型CHAR	4	否	主键		课程号
c_name	定长字符型CHAR	10	否			课程名
hours	小整数型TINYINT	3	否			学时
credit	小整数型TINYINT	3	否			学分
type	变长字符型VARCHAR	5	否		必修	类型

创建course表，示例代码如下。

```
CREATE TABLE IF NOT EXISTS 'course' (
    'c_no' char(4) NOT NULL,
    'c_name' char(10) CHARACTER SET gb2312 COLLATE gb2312_chinese_ci NOT NULL,
    'hours' int(11) NOT NULL,
    'credit' int(11) NOT NULL,
    'type' varchar(10) CHARACTER SET gb2312 COLLATE gb2312_chinese_ci NOT NULL,
    PRIMARY KEY ('c_no')
) ENGINE=InnoDB DEFAULT CHARSET=gb2312;
```

运行代码，如图3-23所示，说明course表创建成功。

```
mysql> CREATE TABLE IF NOT EXISTS course ( c_no char(4) NOT NULL, c_name char(10) C
HARACTER SET gb2312 COLLATE gb2312_chinese_ci NOT NULL, hours int(11) NOT NULL, credit
int(11) NOT NULL, type varchar(10) CHARACTER SET gb2312 COLLATE gb2312_chinese_ci NOT
NULL, PRIMARY KEY ( c_no )) ENGINE=InnoDB DEFAULT CHARSET=gb2312;
Query OK, 0 rows affected, 2 warnings (0.01 sec)
```

图3-23　创建表成功

第三步：根据score（成绩表）结构创建score表，score（成绩表）表结构，见表3-3。

表3-3　score（成绩表）表结构

字段名	数据类型	长度	是否空值	是否主键/外键	默认值	备注
s_no	定长字符型CHAR	8	否	主键、外键		学号
c_no	定长字符型CHAR	4	否	主键、外键		课程号
report	浮点数FLOAT	3, 1	否		0	成绩

创建score表，示例代码如下。

```
CREATE TABLE IF NOT EXISTS score
(
s_no CHAR(8)NOT NULL,
c_no CHAR(4)NOT NULL,
report FLOAT(3, 1) DEFAULT 0,
PRIMARY KEY (s_no, c_no)
) ENGINE=InnoDB DEFAULT CHARSET=gb2312;
```

运行代码，如图3-24所示，说明score表创建成功。

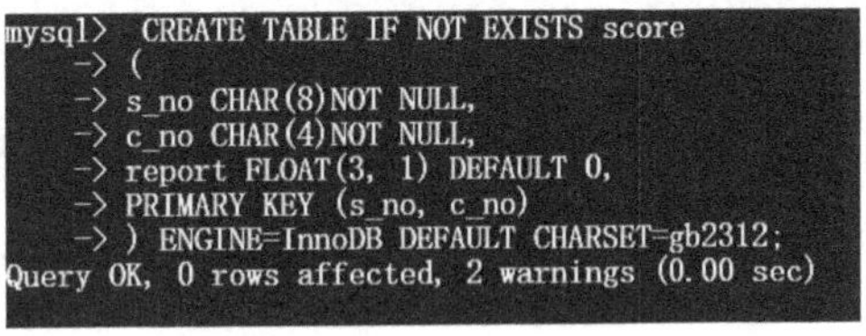

第四步：根据departments（院系单位表）结构创建departments表，departments（院系单位表）表结构，见表3-4。

图3-24 score表创建成功

表3-4 departments（院系单位表）表结构

字段名	数据类型	长度	是否空值	是否主键/外键	默认值	备注
d_no	定长字符型CHAR	8	否	主键		系别
d_name	变长字符型VARCHAR	20	否			院系名称

创建departments表，示例代码如下。

```
CREATE TABLE IF NOT EXISTS departments
(
d_no CHAR(8)NOT NULL COMMENT '系别',
d_name VARCHAR(20)NOT NULL COMMENT '院系名称',
PRIMARY KEY (d_no)
) ENGINE=InnoDB DEFAULT CHARSET=gb2312;
```

第五步：根据teachers（教师表）结构创建teachers表，teachers（教师表）表结构，见表3-5。

表3-5 teachers（教师表）表结构

字段名	数据类型	长度	是否空值	是否主键/外键	默认值	备注
t_no	定长字符型CHAR	8	否	主键		教师编号
t_name	变长字符型VARCHAR	10	否			教师姓名
d_no	定长字符型CHAR	8	否	外键		系别

创建teachers表，示例代码如下。

```
CREATE TABLE IF NOT EXISTS teachers ( t_no CHAR(8)NOT NULL COMMENT '教师编号',
t_name VARCHAR(10)NOT NULL COMMENT'教师姓名',
d_no VARCHAR(8)NOT NULL COMMENT '系别',
PRIMARY KEY (t_no)
) ENGINE=InnoDB DEFAULT CHARSET=gb2312;
```

第六步：根据teach（讲授表）结构创建teach表，teach（讲授表）表结构，见表3-6。

表3-6 teach（讲授表）表结构

字段名	数据类型	长度	是否空值	是否主键/外键	默认值	备注
t_no	定长字符型CHAR	8	否	主键、外键		教师编号
c_no	定长字符型CHAR	4	否	主键、外键		课程编号

创建teach表，示例代码如下。

```
CREATE TABLE IF NOT EXISTS teach( t_no CHAR(8)NOT NULL, c_no
CHAR(4)NOT NULL,
    KEY t_no (t_no),
    KEY c_no (c_no)
        ) ENGINE=InnoDB DEFAULT CHARSET=gb2312;
```

第七步：查看已经创建的表，如图3-25所示。

图3-25 查看已经创建的表

任务2 创建和管理索引

任务描述

由于数据库在执行一条SQL语句的时候，默认的方式是根据搜索条件进行全表扫描，因此遇到匹配条件的就加入搜索结果集合。当进行涉及多个表连接，包括许多搜索条件（例如，大小比较、Like匹配等），而且表数据量特别大的查询时，在没有索引的情况下，MySQL需要执行的扫描行数会很大，速度也会很慢。本任务将从认识索引、索引的分类及索引的设计原则等方面着手，介绍创建和管理索引的方法。特别要注意的是，索引并不是越多越好，要正确认识索引的重要性和设计原则，创建合适的索引。

知识准备

一、认识索引

在数据库操作中，用户经常需要查找特定的数据，而索引则用来快速寻找那些具有特定值的记录。例如，当执行"SELECT * FROM students WHERE stuNo='190005';"语句时，如果没有索引，MySQL数据库必须从第一条记录开始扫描表，直至找到stuNo字段值为"190005"的记录。数据表里面的记录数量越多，这个操作花费的时间代价就越高。如果作为搜索条件的字段上创建了索引，MySQL在查找时，无须扫描所有记录即可迅速得到目标记录所在的位置，能大大提高查找的效率。

如果把数据表看成一本书，则表的索引就如同书的目录一样，可以大大地提高查询速度，改善数据库的性能。其具体表现如下：

1）可以加快数据的检索速度。

2）可以加快表与表之间的连接。

3）在使用ORDER BY和GROUP BY子句进行数据检索时，可以显著减少查询中分组和排序的时间。

4）唯一性索引可以保证数据记录的唯一性。

注意：索引带来的检索速度的提高也是有代价的，因为索引要占用存储空间，而且为了维护索引的有效性，向表中插入数据或者更新数据时，数据库还要执行额外的操作来维护索引。所以，过多的索引不一定能提高数据库的性能，必须科学地设计索引，才能提高数据库的性能。

（1）索引的分类

在MySQL中，索引有很多种，主要分类如下。

1）普通索引（INDEX）。普通索引是最基本的索引类型，允许在定义索引的字段中插入重复值或空值。创建普通索引的关键字是INDEX。

2）唯一索引（UNIQUE）。唯一索引指索引字段的值必须唯一，但允许有空值。如果在多个字段上建立的组合索引，则字段的组合必须唯一。创建唯一索引的关键字是UNIQUE。

3）全文索引（FULLTEXT）。全文索引指在定义索引的字段上支持值的全文查找。该索引类型允许在索引字段上插入重复值和空值，它只能在CHAR、VARCHAR或TEXT类型的字段上创建。

4）多列索引。多列索引指在表中多个字段上创建的索引。只有在查询条件中使用了这些字段中的第一个字段时，该索引才会被使用。例如，在学生表的"学号""姓名"和"专业"字段上创建一个多列索引，那么，只有在查询条件中使用了"学号"字段时，该索引才会被使用。

（2）索引的设计原则

索引的设计不合理或缺少索引都会给数据库的应用造成障碍。高效的索引对于用户获得良好的性能体验非常重要。设计索引时，应该考虑以下原则。

1）索引并非越多越好。一个表中如果有大量的索引，不仅占用磁盘空间，而且会影响INSERT、UPDATE和DELETE等语句的性能。因为在更改表中的数据时，索引也会进行调整和更新。

2）避免对经常更新的表建立太多索引。对经常查询的字段应该建立索引，但要避免对不必要的字段建立索引。

3）数据量小的表最好不要建立索引。由于数据较少，查询花费的时间可能比遍历索引的时间还要短，索引可能不会产生优化的效果。

4）在不同值较少的字段上不要建立索引。字段中的不同值比较少，例如，学生表的"性别"字段，只有"男"和"女"两个值，这样的字段就无须建立索引。

5）为经常需要进行排序、分组和连接查询的字段建立索引。为频繁进行排序或分组的字段和经常进行连接查询的字段创建索引。

二、索引的创建

在MySQL中，对索引的操作主要通过以下几种方式进行。

1. 创建表的同时创建索引

用CREATE TABLE命令创建表的时候就创建索引，此方式简单、方便，其语法格式如下。

```
CREATE TABLE 表名
(
字段名 数据类型[约束条件],
字段名 数据类型[约束条件],
……
[UNIQUE][FULLTEXT] INDEX|KEY [别名](字段名[长度] [ASC|DESC])
);
```

参数说明：

1）如果不加可选项参数UNIQUE或FULLTEXT则默认表示创建普通索引。

2）UNIQUE：表示创建唯一索引，在索引字段中不能有相同的值存在。

3）FULLTEXT：表示创建全文索引。

4）(字段名[长度])：指需要创建索引的字段。

5）ASC|DESC：表示创建索引时的排序方式。其中ASC表示升序排列，DESC表示降序排列。默认为升序排列。

创建表时建立普通索引。在学生成绩管理数据库myStudent中，创建表tb_student（该表的结构与students表一致），同时设置s_no为主键索引，s_name为唯一性索引。在address列上前5位字符创建索引，示例代码如下。

```
CREATE TABLE IF NOT EXISTS tb_student(
s_no CHAR(4) NOT NULL COMMENT '学号',
s_name CHAR (4) DEFAULT NULL COMMENT '姓名',
sex CHAR (2) DEFAULT '男' COMMENT '性别',
birthday DATE DEFAULT NULL COMMENT '出生日期',
d_no CHAR (4) DEFAULT NULL COMMENT '所在系部',
address VARCHAR(20) DEFAULT NULL COMMENT '家庭地址',
phone VARCHAR (12) DEFAULT NULL COMMENT '联系电话',
photo BLOB COMMENT '照片',
PRIMARY KEY (s_no),
UNIQUE index name_index(s_name),
KEY ad_index(address(5))
) ENGINE=InnoDB DEFAULT CHARSET=gb2312;
```

运行代码，使用"show create table tb_student\G"语句查看表的结构，如图3-26所示。

图3-26 查看tb_student表结构

注意：在SQL语句后面加"\G"参数，表示按行垂直显示结果。"\G"参数与"；"不可同时存在，否则命令会提示错误。

2. 创建索引

如果表已建好，可以使用CREATE INDEX语句创建索引，其语法格式如下。

CREATE INDEX <索引名> ON <表名> (<列名> [<长度>] [ASC | DESC])

参数说明：

1）<索引名>：指定索引名。一个表可以创建多个索引，但每个索引在该表中的名称是唯一的。

2）<表名>：指定要创建索引的表名。

3）<列名>：指定要创建索引的列名。通常可以考虑将查询语句中在JOIN子句和WHERE子句里经常出现的列作为索引列。

4）<长度>：可选项。指定使用列前的length个字符来创建索引。使用列的一部分创建索引有利于减小索引文件的大小，节省索引列所占的空间。在某些情况下，只能对列的前缀进行索引。索引列的长度有一个最大上限255个字节（MyISAM和InnoDB表的最大上限为1000个字节），如果索引列的长度超过了这个上限，就只能用列的前缀进行索引。另外，BLOB或TEXT类型的列也必须使用前缀索引。

5）ASC|DESC：可选项。ASC指定索引按照升序来排列，DESC指定索引按照降序来排列，默认为ASC。

【示例】对students表创建如下索引，要求与示例代码如下。

1）为便于按地址进行查询，为students表的address列上的前6个字符创建一个升序索引address_index。

CREATE INDEX address_index ON students(address(6) ASC);

2）为经常作为查询条件的字段创建索引。

CREATE INDEX d_no_index ON students(d_no);

3）为course表的c_name字段创建一个唯一性索引c_name_index。

CREATE UNIQUE index c_name_index ON course(c_name);

4）为teachers表的t_name字段创建一个唯一性索引t_name_index。

CREATE UNIQUE index t_name_index ON teachers(t_name);

5）为score表的s_no和c_no列创建一个复合索引score_index。

```
CREATE INDEX  score_index
ON  score(s_no, c_no);
```

3. 查看索引

如果想要查看表中创建的索引的情况，可以使用以下命令。

```
SHOW INDEX FROM tbl_name
```

【示例】查看course和score的索引，示例代码如下。

```
SHOW INDEX FROM course;
SHOW INDEX FROM score;
```

运行代码，course和score的索引如图3-27和图3-28所示。

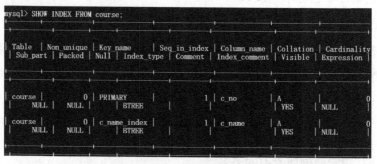

图3-27　course的索引

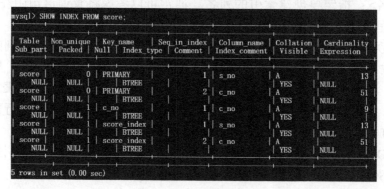

图3-28　score的索引

三、索引删除

（1）DROP INDEX删除索引

在MySQL中，如果某些索引降低了数据库的性能，或者根本没有必要继续使用该索引，可以将索引删除，其语法格式如下。

```
DROP INDEX 索引名 ON 表名;
```

（2）ALTER TABLE删除索引

删除索引除了使用DROP INDEX之外，还可以使用ALTER TABLE进行，其语法格式如下。

```
ALTER [IGNORE] TABLE tb1_name
| DROP PRIMARY KEY
| DROP INDEX index_name
| DROP FOREIGN KEY fk_symbol
```

根据 ALTER TABLE 语句的语法可知，该语句也可以用于删除索引。具体使用方法是将 ALTER TABLE 语句的语法中部分指定为以下子句中的某一项。

1）DROP PRIMARY KEY：表示删除表中的主键。一个表只有一个主键，主键也是一个索引。

2）DROP INDEX index_name：表示删除名称为index_name的索引。

3）DROP FOREIGN KEY fk_symbol：表示删除外键。

任务实施

扫码观看视频

第一步：用CREATE INDEX语句为students表的birthday字段创建名为index_birth的索引，示例代码如下。

```
CREATE INDEX index_birth ON students(birthday );
```

运行代码，创建索引如图3-29所示，说明代码没有报错。

```
mysql> CREATE INDEX index_birth ON students(birthday );
Query OK, 0 rows affected (0.02 sec)
Records: 0  Duplicates: 0  Warnings: 0
```

图3-29　创建索引

第二步：用CREATE INDEX语句为students表的s_name、birthday字段创建名为index_bir的多列索引，示例代码如下。运行代码，创建多列索引，如图3-30所示。

```
CREATE INDEX index_bir ON  students(s_name, birthday );
```

```
mysql> CREATE INDEX index_bir ON  students(s_name, birthday );
Query OK, 0 rows affected (0.02 sec)
Records: 0  Duplicates: 0  Warnings: 0
```

图3-30　创建多列索引

第三步：删除students表中的index_birth索引，示例代码如下。运行代码，删除索引，如图3-31所示。

```
mysql> DROP INDEX index_birth ON students;
Query OK, 0 rows affected (0.01 sec)
Records: 0  Duplicates: 0  Warnings: 0
```

图3-31　删除索引

```
DROP INDEX index_birth ON students;
```

任务3 数据约束和参照完整性

任务描述

在一张表中，通常存在某个字段或字段的组合唯一地表示一条记录的现象。例如，一个学生有唯一的学号，一门课程只能有一个课程号，这就是主键约束。在关系数据库中，表与表之间的数据是有关联的。例如，成绩表中的课程号要参照课程表的课程号，成绩表的学号要参照学生表中的学号。该怎样进行约束，使表与表之间的数据保持一致呢？本任务主要学习数据约束和参照完整性。

知识准备

约束的目的是保证数据库中数据的完整性与一致性。在MySQL中，常见的数据库表的约束见表3-7。

表3-7　MySQL中数据库表的常用约束

约束名称	含义及功能
主键约束 PRIMARY KEY	主键，又称为主码，一个表中只允许有一个主键，能够唯一地标识表中的一条记录。主键约束要求主键字段中的数据唯一，不允许为空
唯一约束 UNIQUE	唯一约束要求该列值唯一，不能重复
外键约束 FOREIGN KEY	外键约束是在两个表之间建立关联。关联指的是在关系数据库中，相关表之间的联系。一个表可以有一个或多个外键，外键字段中的值允许为空，若不为空值，则每一个外键值必须等于另外一个表中主键的某个值
非空约束 NOT NULL	非空约束指字段的值不能为空。在同一个数据库表中可以定义多个非空字段
默认约束 DEFAULT	在用户插入新的数据行时，如果没有为该列指定数据，那么系统会自动将默认值赋给该列，默认值可以是空值（NULL）或者自行指定

一、主键约束

主键约束是指在表中定义一个主键来唯一确定表中每一行数据的标识符。通常，表中有一列或多列，列的值唯一地标识表中的每一行，此列或多列就称为主键。由两列或更多列组成的主键称为复合主键。

1）创建表时指定主键。

在创建数据表时，可以为数据表指定单字段主键，其语法格式如下。

```
字段名 数据类型PRIMARY KEY;
```

在学生成绩管理数据库myStudent中创建student表，并设置stuNo字段为主键，示例代码如下。

```
CREATE TABLE student
(
stuNo char(10) PRIMARY KEY,
name VARCHAR(50),
sex CHAR(2),
birthday DATE,
spec VARCHAR(30),
phone VARCHAR(11),
address VARCHAR(255)
);
```

在命令框中输入上述命令并按<Enter>键，创建表student，如图3-32所示。

2）删除主键。

若要删除某个表的主键，其语法格式如下。

ALTER TABLE表名 DROP PRIMARY KEY;

在学生成绩管理数据库myStudent中，将student表的stuNo字段的主键删除，示例代码如下。

ALTER TABLE student DROP PRIMARY KEY;

在命令框中输入上述命令并按<Enter>键，删除student表主键，如图3-33所示。

3）为已经存在的表添加主键。

在创建数据表时，如果没有设置主键，也可以在后期为数据表指定主键，其语法格式如下。

ALTER TABLE 表名 MODIFY 字段名 数据类型 PRIMARY KEY;

在学生成绩管理数据库myStudent中，为已存在的student表的stuNo字段设置为主键，示例代码如下。

ALTER TABLE student MODIFY stuNo CHAR(10) PRIMARY KEY;

在命令框中输入上述命令并按<Enter>键，设置表student的主键，如图3-34所示。

```
mysql> CREATE TABLE student
    -> (
    -> stuNo char(10) PRIMARY KEY,
    -> name VARCHAR(50),
    -> sex CHAR(2),
    -> birthday DATE,
    -> spec VARCHAR(30),
    -> phone VARCHAR(11),
    -> address VARCHAR(255)
    -> );
Query OK, 0 rows affected (0.01 sec)

mysql>
```

图3-32　创建表student

```
mysql> ALTER TABLE student DROP PRIMARY KEY;
Query OK, 0 rows affected (0.02 sec)
Records: 0  Duplicates: 0  Warnings: 0

mysql>
```

图3-33　删除student表主键

```
mysql> ALTER TABLE student MODIFY stuNo CHAR(10) PRIMARY KEY;
Query OK, 0 rows affected (0.02 sec)
Records: 0  Duplicates: 0  Warnings: 0

mysql>
```

图3-34　设置表student的主键

当一个字段无法确定唯一性的时候，需要其他字段来一起形成唯一性。用来组成唯一性的字段如果有多个就是复合主键。

1）创建表时指定复合主键，其语法格式如下。

PRIMARY KEY(字段名1，字段名2，……，字段名n);

在学生成绩管理数据库myStudent中，创建一个score表，设置stuNo和couNo字段为复合主键，示例代码如下。

```
CREATE TABLE score
(
stuNo CHAR(10),
couNo CHAR (10),
result INT,
PRIMARY KEY(stuNo,couNo)
);
```

在命令框中输入上述命令并按<Enter>键，设置score表的复合主键，如图3-35所示。

2）删除复合主键，其语法格式如下。

ALTER TABLE 表名 DROP PRIMARY KEY;

在学生成绩管理数据库myStudent中，若要将score表的复合主键删除，示例代码如下。

ALTER TABLE score DROP PRIMARY KEY;

在命令框中输入上述命令并按<Enter>键，为score表删除复合主键，如图3-36所示。

```
mysql> CREATE TABLE score
    -> (
    -> stuNo CHAR(10),
    -> couNo CHAR(10),
    -> result INT,
    -> PRIMARY KEY(stuNo,couNo)
    -> );
Query OK, 0 rows affected (0.01 sec)

mysql>
```

图3-35　设置score表的复合主键

```
mysql> ALTER TABLE score DROP PRIMARY KEY;
Query OK, 0 rows affected (0.02 sec)
Records: 0  Duplicates: 0  Warnings: 0

mysql>
```

图3-36　为score表删除复合主键

二、唯一约束

一张表中往往有很多字段数据不能重复，但是一张表中只能有一个主键，唯一键就可以解决表中多个字段需要唯一性约束的问题。唯一键允许为空，而且可以多个为空，空字段不做唯一性比较。

（1）创建表时添加唯一约束

创建表时添加唯一约束，其语法格式如下。

字段名 数据类型 UNIQUE;

在学生成绩管理数据库myStudent中，创建课程表course，并将课程编号couNo字段设置为主键，将课程名称couName字段设置为唯一约束，示例代码如下。

```
CREATE TABLE course
(
couNo CHAR(10) PRIMARY KEY,
couName VARCHAR(50) UNIQUE,
teacher VARCHAR(50)
);
```

在命令框中输入上述命令并按<Enter>键，添加course表唯一约束，如图3-37所示。

（2）删除唯一约束

删除表的唯一约束，其语法格式如下。

ALTER TABLE 表名 DROP INDEX字段名;

```
mysql> CREATE TABLE course
    -> (
    -> couNo CHAR(10) PRIMARY KEY,
    -> couName VARCHAR(50) UNIQUE,
    -> teacher VARCHAR(50)
    -> );
Query OK, 0 rows affected (0.02 sec)
```

图3-37　添加course表唯一约束

在学生成绩管理数据库myStudent中，将course表的couName唯一约束删除，示例代码如下。

ALTER TABLE course DROP INDEX couName;

在命令框中输入上述命令并按<Enter>键，删除course表唯一约束，如图3-38所示。

```
mysql> ALTER TABLE course DROP INDEX couName;
Query OK, 0 rows affected (0.01 sec)
Records: 0  Duplicates: 0  Warnings: 0
```

图3-38　删除course表唯一约束

（3）为已经存在的表添加唯一约束

为已经存在的表添加唯一约束，其语法格式如下。

ALTER TABLE 表名 MODIFY字段名 数据类型 UNIQUE;

在学生成绩管理数据库myStudent中，为课程表course中的课程名称couName字段添加唯一约束，示例代码如下。

ALTER TABLE course MODIFY couName VARCHAR(50) UNIQUE;

在命令框中输入上述命令并按<Enter>键，添加course表唯一约束如图3-39所示。

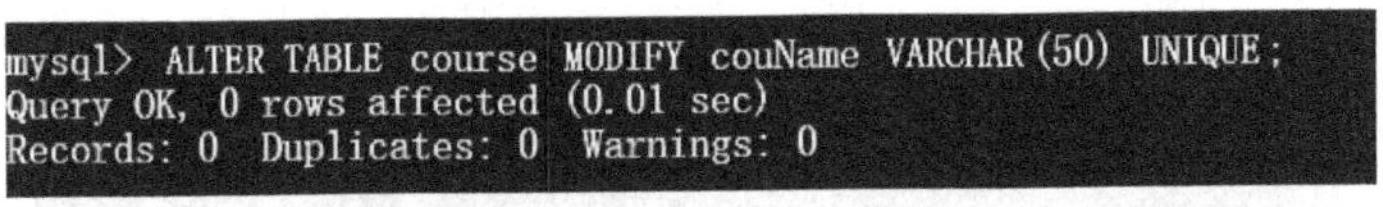

```
mysql> ALTER TABLE course MODIFY couName VARCHAR(50) UNIQUE;
Query OK, 0 rows affected (0.01 sec)
Records: 0  Duplicates: 0  Warnings: 0
```

图3-39　添加course表唯一约束

三、外键约束

如果公共关键字在一个关系中是主关键字，那么这个公共关键字被称为另一个关系的外键。

（1）创建表时添加外键约束

创建表时添加外键约束，其语法格式如下。

CONSTRAINT 外键名 FOREIGN KEY (外键字段) REFERENCES 关联表名(关联字段);

在学生成绩管理数据库myStudent中，对于学生表student和成绩表score，学生表student的主键为stuNo，成绩表score的主键为stuNo和couNo字段的复合主键。现需在成绩表score上设置stuNo字段为外键，示例代码如下。

```
DROP TABLE score;
CREATE TABLE score
(
stuNo CHAR(10),
couNo CHAR(10),
result INT,
PRIMARY KEY (stuNo,couNo),
CONSTRAINT fk_student_score1 FOREIGN KEY(stuNo) REFERENCES student(stuNo)
);
```

在命令框中输入上述命令并按<Enter>键，为score表添加外键，如图3-40所示。

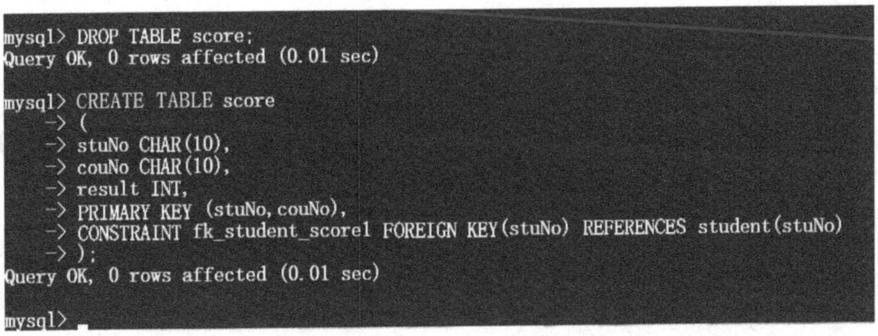

```
mysql> DROP TABLE score;
Query OK, 0 rows affected (0.01 sec)

mysql> CREATE TABLE score
    -> (
    -> stuNo CHAR(10),
    -> couNo CHAR(10),
    -> result INT,
    -> PRIMARY KEY (stuNo,couNo),
    -> CONSTRAINT fk_student_score1 FOREIGN KEY(stuNo) REFERENCES student(stuNo)
    -> );
Query OK, 0 rows affected (0.01 sec)

mysql>
```

图3-40　为score表添加外键

（2）删除外键约束

删除外键约束，其语法格式如下。

```
ALTER TABLE 表名 DROP FOREIGN KEY 外键名;
```

在学生成绩管理数据库myStudent中，将score表中名为fk_student_score1的外键删除，示例代码如下。

```
ALTER TABLE score DROP FOREIGN KEY fk_student_score1;
```

在命令框中输入上述命令并按<Enter>键，删除score表外键信息，如图3-41所示。

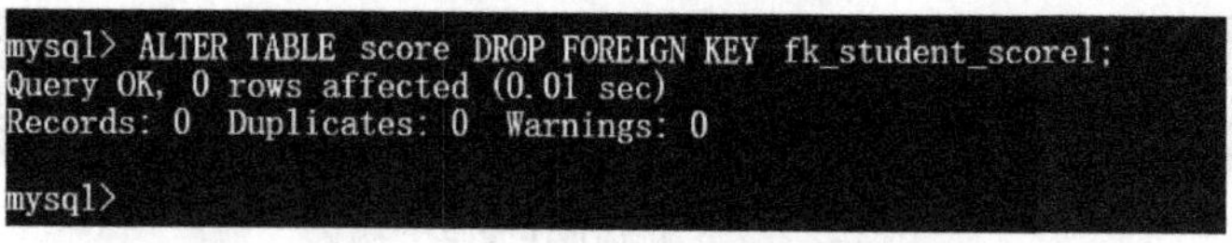

图3-41 删除score表外键信息

（3）为已存在的表添加外键约束

为已存在的表添加外键约束，其语法格式如下。

```
ALTER TABLE 表名 ADD CONSTRAINT 外键名 FOREIGN KEY(外键字段) REFERENCES 关联表名(关联字段);
```

在学生成绩管理数据库myStudent中，现需在成绩表score上设置stuNo字段为外键。其SQL语句代码如下。

```
ALTER TABLE score ADD CONSTRAINT fk_student_score1 FOREIGN KEY(stuNo) REFERENCES student(stuNo);
```

在命令框中输入上述命令并按<Enter>键，为score表添加外键，如图3-42所示。

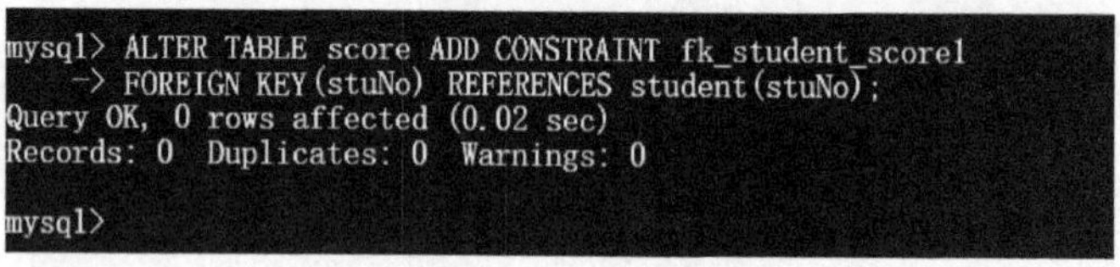

图3-42 为score表添加外键

四、CHECK约束

CHECK约束是指约束表中某一个或者某些列中可接受的约束的数据值或者数据格式。例如，可以要求学生表中性别列只允许"男"或"女"。

其语法格式如下。

```
CHECK(表达式)
```

在学生成绩管理数据库myStudent中，将student表的sex字段定义为CHECK约束，要求性别只能为"男"或"女"，示例代码如下。

```
DROP TABLE student;
CREATE TABLE student
(
stuNo CHAR(10) PRIMARY KEY,
name VARCHAR(50),
sex CHAR(2) not null CHECK(sex IN('男','女')),
```

```
birthday DATE,
spec VARCHAR(30),
phone VARCHAR(11),
address VARCHAR(255)
);
```

在命令框中输入上述命令并按<Enter>键,添加student表CHECK约束,如图3-43所示。

```
mysql> DROP TABLE student;
ERROR 1051 (42S02): Unknown table 'mystudent.student'
mysql>  CREATE TABLE  student
    -> (
    -> stuNo CHAR(10) PRIMARY KEY ,
    -> name VARCHAR (50),
    -> sex CHAR(2) not null CHECK (sex IN ('男','女')),
    -> birthday DATE,
    -> spec VARCHAR (30),
    -> phone VARCHAR (11),
    -> address VARCHAR (255)
    -> );
Query OK, 0 rows affected (0.01 sec)

mysql>
```

图3-43 添加student表CHECK约束

扫码观看视频

任务实施

第一步: 创建数据库表departments(结果参照项目2),示例代码如下。

```
CREATE TABLE IF NOT EXISTS 'departments' (
    'D_ID' VARCHAR(6) CHARACTER SET gb2312 COLLATE gb2312_chinese_ci NOT NULL
COMMENT ' 单位编号',
    'D_NAME' VARCHAR(8) CHARACTER SET gb2312 COLLATE gb2312_chinese_ci NOT NULL
COMMENT '单位名称',
    PRIMARY KEY ('D_ID')
) ENGINE=InnoDB DEFAULT CHARSET=gb2312;
```

插入相关数据,示例代码如下。

```
INSERT INTO 'departments' ('D_No', 'D_NAME') VALUES
('A001', '办公室'),
('A002', '人事处'),
('A003', '宣传部'),
('A004', '教务处'),
('A005', '科技处'),
('A006', '后勤处'),
('B001', '信息学院'),
('B002', '艺术学院'),
('B003', '外语学院'),
('B004', '金融学院'),
('B005', '建筑学院');
```

第二步: 创建数据库表salary,示例代码如下。

```
CREATE TABLE IF NOT EXISTS 'salary' (
    'E_ID' varchar(10) NOT NULL COMMENT '员工ID',
    'JIB_IN' float(6,2) DEFAULT NULL COMMENT '基本工资',
    'JIX_IN' float(6,2) NOT NULL COMMENT '绩效工资',
    'JINT_IN' float(6,2) NOT NULL COMMENT '津贴补贴',
    'GJ_OUT' float(6,2) NOT NULL COMMENT '代扣公积金',
    'TAX_OUT' float(6,2) NOT NULL COMMENT '扣税',
    'QT_OUT' float(6,2) NOT NULL COMMENT '其他扣款',
    PRIMARY KEY (`E_ID`)
) ENGINE=InnoDB DEFAULT CHARSET=gb2312;
```

插入数据，示例代码如下。

```
INSERT INTO 'salary' ('E_ID', 'JIB_IN', 'JIX_IN', 'JINT_IN', 'GJ_OUT', 'TAX_OUT', 'QT_OUT') VALUES
('100100', 2000.00, 4000.00, 2266.00, 1320.00, 300.00, 100.00),
('100101', 3000.00, 5000.00, 2278.00, 1460.00, 450.00, 30.00),
('100102', 2500.00, 4500.00, 2500.00, 1300.00, 500.00, 52.00),
('100103', 2600.00, 4500.00, 2300.00, 1350.00, 600.00, 60.00),
('100104', 2400.00, 4600.00, 2500.00, 1200.00, 630.00, 50.00),
('100105', 2600.00, 3500.00, 2300.00, 1000.00, 650.00, 60.00),
('100106', 2400.00, 4300.00, 2600.00, 1200.00, 300.00, 40.00),
('100330', 3500.00, 5000.00, 2300.00, 1500.00, 300.00, 80.00),
('100331', 4500.00, 5600.00, 2500.00, 1800.00, 687.00, 60.00),
('100332', 1800.00, 3600.00, 1500.00, 800.00, 300.00, 60.00);
```

第三步：创建表employees，包含"学号""性别"和"出生日期"字段。其中，"性别"只能是"男"或"女"，示例代码如下。

```
CREATE TABLE employees(
e_id CHAR(5) NOT NULL PRIMARY KEY,
sex CHAR(2) DEFAULT '男',
CHECK(sex='男' OR sex='女')
);
```

项目小结

本项目通过对数据库的建立与使用的讲解，使读者对数据库的建立与使用有初步了解，并能够掌握创建与管理数据库的方法，熟悉创建和管理索引的方法并学会使用约束，最后通过所学知识为之后的MySQL学习打好基础。

课后习题

选择题

（1）在使用数据库之前，第一步就是要（　　）。

  A. 创建数据库 B. 登录账号 C. 创建表 D. 创建索引

（2）查看数据库的命令是（　　）。

  A. CREATE DATABASE   B. SHOW DATABASES

  C. CREATE TABLE   D. SHOW TABLES

（3）数据库创建后，系统会自动采用默认字符编码，可使用（　　）语句。

  A. SET CATEGORY   B. CREATE DATABASE TEST

  C. DROP DATABASE   D. ALTER DATABASE

（4）数据库创建后，若要删除某个数据库，可使用（　　）语句。

  A. DROP DATABASE TEST   B. CREATE DATABASE TEST

  C. DROP DATABASE   D. SHOW DATABASES

（5）在数据库操作中，用户经常需要查找特定的数据，而（　　）则用来快速寻找那些具有特定值的记录。

  A. 数据库 B. 约束 C. 表 D. 索引

（6）添加数据的操作可以使用（　　）语句来完成。

  A. INSERT B. SET C. RENAME D. PLACE

（7）（　　）指定索引按照升序来排列。

  A. ASC B. BDC C. EFV D. PRS

（8）（　　）指定索引按照降序来排列。

  A. DLIE B. BLOB C. TEXT D. DESC

（9）（　　）是指在表中定义一个主键来唯一确定表中每一行数据的标识符。

  A. 外键约束 B. 唯一约束 C. 主键约束 D. CHECK约束

（10）（　　）允许为空，而且可以多个为空，空字段不做唯一性比较。

  A. 外键约束 B. 唯一约束 C. 主键约束 D. CHECK约束

学习评价

通过学习本项目，看自己是否掌握了以下技能，在技能检测表中标出已掌握的技能。

评价标准	个人评价	小组评价	教师评价
（1）是否具备独立创建数据库与表的能力			
（2）是否具备创建和管理索引的能力			

注：A为能做到；B为基本能做到；C为部分能做到；D为基本做不到。

项目 4

数 据 查 询

项目导言

　　数据库中的数据按一定的数据模型组织、描述和存储,具有较小的冗余度、较高的数据独立性和易扩展性。数据查询是指数据库支持一般用户查询操作。数据库一般都支持查询操作,但进行查询要有权限,让我们跟随本项目,一起来学习吧。

学习目标

> 了解SELECT语法结构与使用方法;
> 认识SELECT子句的使用方法;
> 了解多表连接查询的概念;
> 掌握嵌套查询语句的使用方法;
> 熟悉IN子查询与比较子查询;
> 具备使用聚合函数进行统计查询的能力;
> 具备独立使用联合查询表的能力;
> 具备精益求精、坚持不懈的精神;
> 具有独立解决问题的能力;
> 具备灵活的思维和处理分析问题的能力;
> 具有责任心。

任务1 简单查询

任务描述

MySQL数据库将数据保存在不同的表中，这种方式提高了数据访问的速度和灵活性。为了有效地管理和利用这些数据，用户需要掌握如何从数据库中检索所需信息。本任务将使用SELECT语句结合聚合函数完成数据的简单查询和统计。在任务实施过程中，了解SELECT语法结构，熟悉SELECT语句的使用，掌握聚合函数统计查询的实现。

知识准备

一、了解SELECT语法结构

当数据库表中的数据比较多时，除了需要对数据库表能够完成数据更新操作外，还需要从数据表中查询需要的信息，此时可以使用SELECT语句进行查询。SELECT语句可以从一个或多个表中选取特定的行和列，结果通常是生成一个临时表，其语法格式如下。

```
SELECT [ALL|DISTINCT] 要查询的内容
FROM 表名列表
[WHERE 条件]
[GROUP BY 字段列表 [HAVING 分组条件]]
[ORDER BY 字段列表 [ASC|DESC]]
[LIMIT [offset,] n];
```

参数说明：

1）SELECT要查询的内容："要查询的内容"可以是一个字段、多个字段、表达式或函数。若是要查询部分字段，需要将各字段名用逗号分隔开，各字段名在SELECT子句中的顺序决定了它们在结果中显示的顺序。用"*"表示返回所有字段。

2）ALL|DISTINCT：用来标识在查询结果集中对相同行的处理方式，默认值为ALL。ALL表示返回查询结果集中的所有行，包括重复行。DISTINCT表示若查询结果集中有相同的行，则只显示一行。

3）FROM表名列表：用于指定查询的数据表的名称以及它们之间的逻辑关系。

4）WHERE条件：用于按指定条件进行查询。

5）GROUP BY字段列表：用于指定将查询结果根据什么字段进行分组。

6）HAVING分组条件：用于指定对分组的过滤条件，选择满足条件的分组记录。

7）ORDER BY字段列表 [ASC|DESC]：用于指定查询结果集的排序方式，默认为升序。ASC用于表示结果集按指定的字段升序排列，DESC表示结果集按指定的字段以降序排列。

8）LIMIT [offset,] n：用于限制查询结果的数量。LIMIT后面可以跟两个参数，第一个参数"offset"表示偏移量，如果偏移量为0，则从查询结果的第一条记录开始显示，如果偏移量为1，则从查询结果的第二条记录开始显示……依此类推。offset为可选值，如果不指定具体的值，则其默认值为0。第二个参数"n"表示返回的查询记录的条数。

注意：在述语法结构中，SELECT语句共有6个子句，其中SELECT和FROM子句为必选子句，而WHERE、GROUP BY、ORDER BY和LIMIT子句为可选子句，HAVING子句与GROUP BY子句联合使用，不能单独使用。

SELECT子句既可以实现数据的简单查询、结果集的统计查询，也可以实现多表查询。

二、认识SELECT子句

SELECT子句用于指定要返回的列，SELECT子句常用参数见表4-1。

表4-1　SELECT子句常用参数

参数	说明
ALL	显示所有行，包括重复行，ALL是系统默认
DISTINCT	消除重复行
列名	指明返回结果的列，如果是多列，用逗号隔开
*	通配符，返回所有列值

【示例】使用SELECT子句按照要求编写语句。

1）查询学生的所有记录，示例代码如下。

```
SELECT * FROM  students;
```

执行代码，查询学生的所有记录，如图4-1所示。

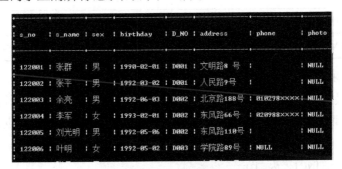

图4-1　查询学生的所有记录

2）查询学生所在系部，去掉重复值，示例代码如下。

```
SELECT DISTINCT d_no FROM  students;
```

执行代码，不去除学生所在系部的重复值，如图4-2a所示；去除学生所在系部的重复值，如图4-2b所示。

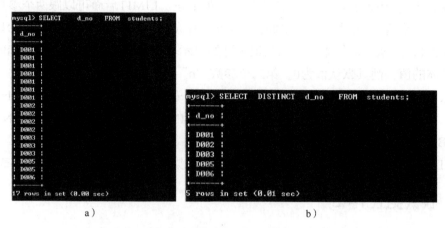

图4-2 查询学生所在系部

a）不去除学生所在系部的重复值 b）去除学生所在系部的重复值

三、使用聚合函数进行统计查询

聚合函数用于对查询结果集中的指定字段进行统计，并输出统计值。常用的聚合函数有COUNT、MAX、MIN、SUM和AVG等，常用的聚合函数见表4-2。

表4-2 常用的聚合函数

函数	功能
COUNT((ALL|DISTINCT|列名))	计算某列值的个数
MAX((ALL|DISTINCT|列名))	计算某列值的最大值
MIN((ALL|DISTINCT|列名))	计算某列值的最小值
SUM((ALL|DISTINCT|*))	计算某列值的总和
AVG((ALL|DISTINCT|列名))	计算某列值的平均值
VARIANCE / STDDEV((ALL|DISTINCT|列名))	计算特定的表达式中的所有值的方差/标准差

（1）COUNT函数

聚合函数中最经常使用的是COUNT函数，用于统计表中满足条件的行数或总行数。返回SELECT语句查询到的行中非NULL值的项目，若找不到匹配的行，则返回0，其语法格式如下。

COUNT(ALL\|DISTINCT表达式\|*);

参数说明：

1）表达式：可以是常量、字段名和函数。

2）ALL\|DISTINCT：ALL表示对所有值进行运算，DISTINCT表示去除重复值，默认为ALL。

3）COUNT(*)：使用COUNT(*)函数时将返回检索行的总数目，不论其是否包含NULL值。

【示例】在学生管理数据库myStudent中，查询学生表students中学生的总人数，示例代码如下。运行代码，统计学生总人数，如图4-3所示。

```
SELECT COUNT(*) AS 学生总人数 FROM students;
```

图4-3 统计学生总人数

（2）MAX和MIN函数

MAX和MIN函数分别用于统计表中满足条件的所有值项的最大值和最小值。当给定的列上只有空值或者检索出的中间结果为空时，MAX和MIN函数的值也为空，其语法格式如下。

```
MAX/MIN(ALL|DISTINCT 表达式);
```

【示例】在学生成绩管理数据库myStudent中，查询成绩表score中课程号为"A001"的最高分和最低分，示例代码如下。运行代码，统计课程最高分与最低分，如图4-4所示。

```
SELECT c_no AS 课程号,MAX(report) AS 最高分, MIN(report) AS 最低分
FROM score WHERE  c_no ='A001';
```

```
mysql> SELECT c_no AS  课程号, MAX(report)AS  最高分, MIN(report)AS  最低分
    -> FROM score WHERE c_no ='A001';
+--------+--------+--------+
| 课程号 | 最高分 | 最低分 |
+--------+--------+--------+
| A001   |   87.0 |   45.0 |
+--------+--------+--------+
1 row in set (0.00 sec)
```

图4-4 统计课程最高分与最低分

（3）SUM和AVG函数

SUM和AVG函数分别用于统计表中满足条件的所有值项的总和与平均值，其数据类型只能是数值型数据，其语法格式如下。

```
SUM/AVG(ALL|DISTINCT 表达式);
```

【示例】在学生成绩管理数据库myStudent中，查询成绩表score中课程号为"A001"的总分和平均分，示例代码如下。运行代码，统计课程总分与平均分，如图4-5所示。

```
SELECT c_no AS 课程号,SUM(report) AS 总分, AVG(report) AS 平均分
FROM score WHERE c_no='A001';
```

```
mysql>SELECT c_no AS  课程号,SUM(report)AS   总分, AVG(report)AS   平均分
    -> FROM score WHERE c_no='A001';
+--------+-------+----------+
| 课程号 | 总分  | 平均分   |
+--------+-------+----------+
| A001   | 796.0 | 66.33333 |
+--------+-------+----------+
1 row in set (0.00 sec)
```

图4-5 统计课程总分与平均分

扫码观看视频

任务实施

第一步：打开myStudent数据库，示例代码如下。

```
USE myStudent;
```

第二步：查询工龄在10年及以上的员工姓名、学历和职称，示例代码如下。

```
SELECT E_name,education,Professional
FROM employees
WHERE TIMESTAMPDIFF(year,Gz_time,curdate()) >=10;
```

运行代码，如图4-6所示，可以看出图中统计出employees 中工龄在10年及以上的员工姓名、学历和职称。

图4-6 工龄在10年及以上的员工姓名、学历和职称

第三步：查询20世纪80年代出生的员工基本信息，示例代码如下。

```
SELECT * FROM EMPLOYEES WHERE  BIRTH BETWEEN '1980-01-01' AND '1989-12-31';
```

运行代码，可以看出表中符合条件的有7条，20世纪80年代出生的员工基本信息如图4-7所示。

图4-7 20世纪80年代出生的员工基本信息

第四步：按部门统计各类学历人数，示例代码如下。

```
SELECT D_ID,EDUCATION,COUNT(*)
FROM EMPLOYEES
GROUP BY D_ID,EDUCATION;
```

运行代码，查询到15条信息，学历分别为"硕士""本科"和"博士"，各类学历人数如图4-8所示。

第五步：统计各位员工每月实发工资，示例代码如下。

```
SELECT E_ID,JIB_IN+JIX_IN+JINT_IN-GJ_OUT-TAX_OUT-QT_OUT AS 实发工资
FROM SALARY;
```

运行代码，共查询到10条有用的信息，可以看出员工每月实发工资情况，最高的为10053元，如图4-9所示。

图4-8 各类学历人数　　　　　　图4-9 各位员工每月实发工资

第六步：查询"王"姓的员工，代码如下。

```
SELECT * FROM employees WHERE e_name LIKE '王%';
```

运行代码，可以看出"王"姓的员工共有两个，分别是"王君君"和"王世明"，"王"姓的员工查询效果如图4-10所示。

图4-10 "王"姓的员工查询效果

任务2 多表连接查询

任务描述

多表连接查询是MySQL数据库中的一项重要功能，它允许用户使用SQL语句将两个或

多个表根据相关列连接起来，从而检索和组合这些表中的数据，以获取更全面、更准确的信息。本任务主要完成MySQL数据库中多个表格的连接查询。在任务实施过程中，熟悉全连接查询的实现，掌握JOIN连接的使用。

知识准备

一、全连接

多表查询实际上通过各个表之间的共同列的关联性来查询数据。连接的方式是将各个表用逗号分隔，用WHERE子句设定条件进行等值连接，这样就指定了全连接，其语法格式如下。

```
SELECT表名.列名[, ...,n]
FROM表[, ...,n]
WHERE {连接条件AND | OR查询条件}
```

【示例】查找myStudent数据库中被选过的课程名和课程号，示例代码如下。运行代码，查找myStudent数据库中被选过的课程名和课程号，如图4-11所示。

```
SELECT DISTINCT course.c_no, course.c_name
FROM course, score
WHERE course.c_no=score.c_no;
```

图4-11 查找myStudent数据库中被选过的课程名和课程号

二、JOIN连接

在实际查询中，很多情况下用户需要的数据并不完全在一个表中，而是存在于多个不同的表中，这时就需要使用多表查询。多表查询是通过各个表之间的共同列的相关性来查询数据。多表查询首先要在这些表中建立连接，再在连接生成的结果集基础上进行筛选，其语法格式如下。

```
SELECT [表名.]目标字段名 [AS] 别名,……
FROM 表1 [AS 别名] 连接类型 表2 [AS 别名]
ON 连接条件
[WHERE 条件表达式];
```

参数说明：

1）[表名.]目标字段名 [AS] 别名：指显示的查询结果的字段名，若查询结果的字段是两个表的重名字段，则需要指定显示具体某个表的字段名，否则[表名]部分可以省略。

2）ON连接条件：指表与表之间连接的条件，一般是指表之间拥有相同的值的列。

3）连接类型：主要包括内连接与外连接两种类型。

1. 内连接

内连接是指用比较运算符设置连接条件，只返回满足连接条件的数据行，其语法格式如下。

```
SELECT 字段名列表
FROM 表1 [AS 别名] [INNER] JOIN 表2 [AS 别名]
ON 表1.字段名 比较运算符 表2.字段名
[WHERE 条件表达式];
```

或

```
SELECT 字段名列表
FROM 表1 [AS 别名],表2 [AS 别名]
WHERE 表1.字段名 比较运算符 表2.字段名
```

参数说明：

1）字段名列表：指显示的查询结果的字段名，若查询结果的字段是两个表的重名字段，则需要指定使用[表名.字段名]的格式。

2）ON连接条件：指表与表之间连接的条件，一般是指表之间拥有相同的值的列。在使用内连接时，连接条件除了可以使用ON关键字之外，还可以使用WHERE条件来指定连接条件，两者功能相同。

2. 外连接

外连接与内连接不同，有主从表之分。使用外连接时，以主表中的每一行数据去匹配从表中的数据行，如果符合连接条件则返回到结果集中；如果没有找到匹配的数据行，则在结果集中仍然保留主表的数据行，相对应从表中的字段则补填上NULL值。外连接包括3种类型，左外连接、右外连接和全外连接，其语法格式如下。

```
SELECT 字段名列表
FROM 表1 [AS 别名] LEFT|RIGHT|FULL JOIN 表2 [AS 别名]
ON 表1.字段名 比较运算符 表2.字段名;
```

参数说明：

1）字段名列表与ON：这里的字段名列表与ON关键字的用法与内连接的用法一致，但外连接只适用于两个表。

2）LEFT：指左外连接，即左表为主表，连接关键字为LEFT JOIN。将左表中的所有数据行与右表中的每行按连接条件进行匹配，结果集中包括左表中所有的数据行。左表与右表没有相匹配的数据行，在结果集中对应的右表字段以NULL来填充。

3）RIGHT：指右外连接，即右表为主表，连接关键字为RIGHT JOIN。将右表中的所有数据行与左表中的每行按连接条件进行匹配，结果集中包括右表中所有的数据行。左表与右表没有相匹配的数据行，在结果集中对应的左表字段以NULL来填充。

4）FULL：指全外连接，查询结果集中包括两个表的所有数据行。若左表中每一行在右表中有匹配数据，则结果集中对应的右表的字段填入相应数据，否则填充为NULL；若右表中每一行在左表中没有匹配数据，则结果集中对应的左表的字段填充为NULL。

任务实施

扫码观看视频

第一步：查询未婚"女"老师的姓名、学历和年龄等基本信息，示例代码如下。

```
SELECT e_name,education ,year(now())-year(birth) AS 年龄
 FROM employees WHERE marry='否' AND SEX='女';
```

运行代码，可以看到符合条件的共5个老师，未婚"女"老师的姓名、学历和年龄信息，如图4-12所示。

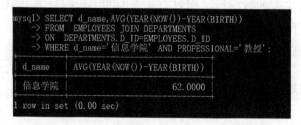

图4-12 未婚"女"老师的姓名、学历和年龄信息

第二步：使用JOIN 连接查询"信息学院"的"教授"的平均年龄，示例代码如下。

```
SELECT d_name,AVG(YEAR(NOW())-YEAR(BIRTH))
FROM  EMPLOYEES JOIN DEPARTMENTS
ON  DEPARTMENTS.D_ID=EMPLOYEES.D_ID
WHERE d_name='信息学院' AND PROFESSIONAL='教授';
```

运行代码，可以看到"信息学院"的"教授"的平均年龄在62岁，如图4-13所示。

图4-13 "信息学院"的"教授"平均年龄

第三步：使用JOIN 连接查询职称为"教授"的姓名、年龄和部门信息，示例代码如下。

```
SELECT e_name,D_NAME,year(now())-year(birth) AS 年龄
FROM (SELECT e_name, D_ID, D_NAME, BIRTH, professional
              FROM employees JOIN DEPARTMENTS USING (D_ID)) AS TT
WHERE professional='教授';
```

运行代码，可以看到"教授"的姓名、年龄和部门信息，如图4-14所示。

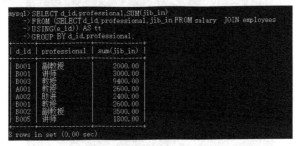

图4-14 "教授"的姓名、年龄和部门信息

第四步： 用JOIN按部门和职称分组统计老师的基本工资总和，示例代码如下。

```
SELECT d_id,professional,SUM(jib_in)
FROM (SELECT d_id,professional,jib_in FROM salary  JOIN employees
USING(e_id)) AS tt
GROUP BY d_id,professional;
```

运行代码，可以看到老师的基本工资总和，如图4-15所示。

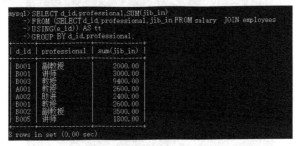

图4-15 老师的基本工资总和

任务3 嵌套查询

任务描述

在MySQL数据库中，经常需要处理复杂的查询需求，如多层条件过滤、数据对比等。这时，如果仅使用简单的SELECT语句，可能无法满足要求。嵌套查询提供了一种强大的手段，使得用户能够构建出更复杂、更灵活的查询语句。本任务将在一个查询语句的WHERE子句、FROM子句中嵌入另一个查询语句完成嵌套查询。在任务实施过程中，了解不同类型嵌套查询的应用场景，掌握WHERE子句、FROM子句中嵌套查询的实现。

知识准备

一、嵌套在WHERE 子句中

把子查询的结果放在SELECT子句后面作为查询的一个列值，其值是唯一的，其语法格

式如下。

```
SELECT select_list, ( subquery) FROM tbl_name;
```

【示例】从score表中查找所有学生的平均成绩，以及其与学号为122001的学生的平均成绩的差距，示例代码如下。运行代码，从score表中查找所有学生的平均成绩，如图4-16所示。

```
SELECT S_NO, AVG(report), AVG(report)-
( SELECT AVG(report)
FROM score
WHERE S_NO='122001'
)    AS成绩差距
FROM score
GROUP BY S_NO;
```

图4-16　从score表中查找所有学生的平均成绩

二、嵌套在FROM 子句中

这种查询通过子查询执行的结果来构建一张新的表，用来作为主查询的对象，其语法格式如下。

```
SELECT select_list
FROM (subquery) AS NAEM
WHERE expression;
```

【示例】查找平均成绩在75～90分的学生的姓名，示例代码如下。运行代码，查询平均成绩在75～90分的学生的姓名，如图4-17所示。

```
SELECT S_NAME, AVG(report)
FROM  (SELECT S_NO, S_NAME , C_NO, REPORT
FROM score JOIN STUDENTS USING(S_NO)
) AS STU
GROUP BY S_NO
```

HAVING AVG(report)>75 AND AVG(report)<90
ORDER BY AVG(report);

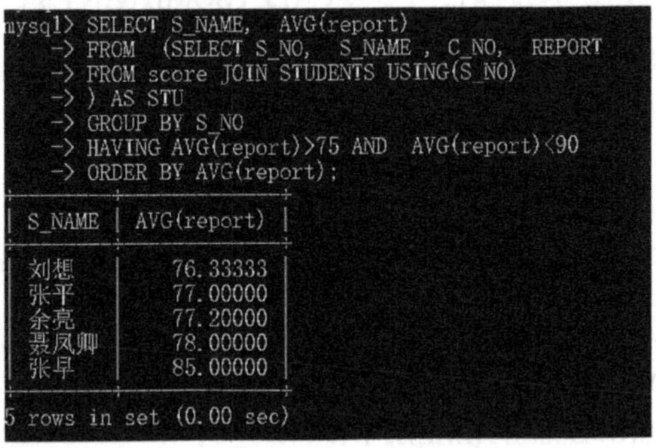

图4-17 查找平均成绩在75～90分的学生的姓名

三、IN子查询

IN子查询是指父查询与子查询之间用IN或NOT IN进行连接并判断某个字段的值是否在子查询查找的集合中，其语法格式如下。

SELECT select_list
FROM tbl_name
WHERE expression IN[NOT IN] (subquery);

在学生成绩管理数据库myStudent中，查询考试有不及格的学生的姓名，示例代码如下。运行代码，使用IN子查询，如图4-18所示。

SELECT S_NAME
FROM students WHERE S_NO IN
(
SELECT S_NO FROM score WHERE report<60
) LIMIT 2;

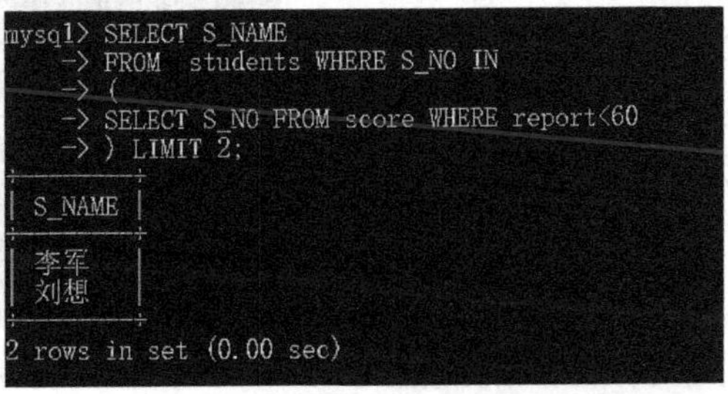

图4-18 使用IN子查询

四、比较子查询

比较子查询可以被认为是IN子查询的扩展，它将表达式的值与子查询的结果集进行比较运算，其语法格式如下。

```
SELECT select_list
FROM tbl_name
WHERE expression { < | <= | = | > | >= | != | <> } { ALL | SOME | ANY } ( subquery);
```

【示例】查找students表中所有比"信息学院"的学生年龄大的学生的学号、姓名，示例代码如下。运行代码，查找students表，如图4-19所示。

```
SELECT S_NO, S_NAME
FROM students
WHERE birthday < ALL (
              SELECT birthday
              FROM students
              WHERE D_NO =(SELECT D_NO
              FROM departments
WHERE D_NAME='信息学院'
));
```

```
mysql>
mysql> SELECT S_NO, S_NAME
   -> FROM students
   -> WHERE birthday < ALL (
   ->                  SELECT birthday
   ->                  FROM students
   ->                  WHERE D_NO =(SELECT D_NO
   ->                  FROM departments
   -> WHERE D_NAME='信息学院'
   -> ));
Empty set (0.00 sec)
```

图4-19 查找students表中所有比"信息学院"的学生年龄大的学生信息

五、EXISTS子查询

在子查询中可以使用EXISTS和NOT EXISTS关键字判断某个值是否在一系列的值中。

外层查询测试子查询返回的记录是否存在。基于查询所指定的条件，子查询返回TRUE或FALSE，子查询不产生任何数据。

【示例】查找考试分数中有不及格的学生的学号和姓名，示例代码如下。运行代码，查找考试分数中有不及格的学生的学号和姓名，如图4-20所示。

```
mysql> SELECT s_no, s_name FROM students WHERE
   -> EXISTS(SELECT * FROM score
   -> WHERE students.s_no=score.s_no AND report<60);
+--------+----------+
| s_no   | s_name   |
+--------+----------+
| 122004 | 李军     |
| 123008 | 刘想     |
| 123003 | 马志明   |
| 123004 | 吴文辉   |
| 122006 | 叶明     |
| 123006 | 张东妹   |
| 122001 | 张群     |
+--------+----------+
7 rows in set (0.00 sec)
```

```
SELECT s_no, s_name FROM students WHERE
EXISTS(SELECT * FROM score
WHERE students.s_no=score.s_no AND report<60);
```

图4-20 查找考试分数中有不及格的学生的学号和姓名

任务实施

第一步：查询工龄最长的10位员工，示例代码如下。

扫码观看视频

```
SELECT E_NAME AS 姓名,YEAR(NOW()) - YEAR(GZ_TIME) AS 工龄
FROM EMPLOYEES
ORDER BY YEAR(NOW())-YEAR(GZ_TIME) DESC
LIMIT 10;
```

运行代码，可以看到工龄最长的10位员工相关的姓名和工龄，如图4-21所示。

图4-21 工龄最长的10位员工

第二步： 查询"信息学院"的"教授"的平均年龄，WHERE子查询实现，示例代码如下。

```
SELECT d_ID,AVG(YEAR(NOW())-YEAR(BIRTH))
FROM EMPLOYEES
WHERE PROFESSIONAL='教授'
    AND D_ID=
    (SELECT D_ID FROM DEPARTMENTS
        WHERE d_name='信息学院');
```

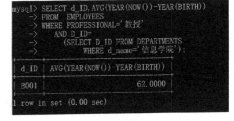

运行代码，可以看到"信息学院"的"教授"的平均年龄在62岁，如图4-22所示。

图4-22 "信息学院"的"教授"的平均年龄

第三步： 用WHERE连接查询职称为"教授"的姓名、年龄和部门信息，示例代码如下。

```
SELECT e_name,d_name,year(now())-year(birth) AS 年龄
FROM employees, departments
WHERE employees.d_id=departments.d_id
AND professional='教授';
```

运行代码，可以看到"教授"的姓名、年龄和部门信息如图4-23所示。

图4-23 查询"教授"的姓名、年龄和部门信息

第四步： 用FROM子查询查询职称为"教授"的姓名、年龄和部门信息，示例代码如下。

```
SELECT e_name,D_NAME,year(now())-year(birth) AS 年龄
    FROM (SELECT e_name,D_ID,D_NAME,BIRTH,professional
            FROM employees JOIN DEPARTMENTS USING(D_ID))AS TT
        WHERE professional='教授';
```

运行代码，可以看出"教授"的姓名、年龄和部门信息，如图4-24所示。

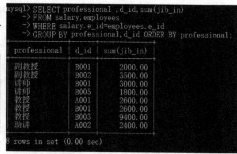

图4-24 用FROM子查询查询"教授"职称的相关信息

[说明] FROM子查询得到一个虚拟表，要用AS定义一个表名。

第五步： 用WHERE连接按部门和职称分组统计老师的基本工资总和，示例代码如下。

```
SELECT professional ,d_id,sum(jib_in)
FROM salary,employees
WHERE salary.e_id=employees.e_id
GROUP BY professional,d_id ORDER BY professional;
```

运行代码，可以看出老师的基本工资总和，如图4-25所示。

图4-25 老师的基本工资总和

第六步： 用FROM子查询按部门和职称分组统计老师的基本工资总和，示例代码如下。

```
SELECT d_id,professional,sum(jib_in)
FROM (select d_id,professional,jib_in FROM salary  JOIN employees
using(e_id)) AS tt
GROUP BY d_id,professional;
```

运行代码，可以看出老师的基本工资总和，如图4-26所示。

图4-26 FROM子查询按部门和职称分组统计老师基本工资总和

第七步：用WHERE连接统计财政编制的老师基本工资总和，示例代码如下。

```
SELECT BZ,sum(jib_in)
FROM salary,employees
WHERE salary.e_id=employees.e_id
AND BZ='是';
```

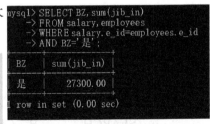

图4-27 财政编制的老师基本工资总和

运行代码，可以看出财政编制的老师基本工资总和为27300元，如图4-27所示。

第八步：统计各类职称老师的平均扣税，示例代码如下。

```
SELECT PROFESSIONAL,AVG(TAX_OUT)
FROM SALARY,EMPLOYEES
WHERE SALARY.E_ID=EMPLOYEES.E_ID
GROUP BY PROFESSIONAL;
```

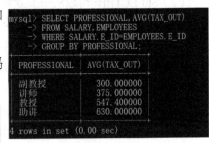

图4-28 各类职称老师的平均扣税

运行代码，可以看出各类职称老师的平均扣税在300～600元不等，如图4-28所示。

第九步：按工作年份统计每年参加工作的人数，并按工作年份进行升序排序，示例代码如下。

```
SELECT YEAR(GZ_TIME),COUNT(*)
FROM EMPLOYEES
GROUP BY YEAR(GZ_TIME)
ORDER BY YEAR(GZ_TIME);
```

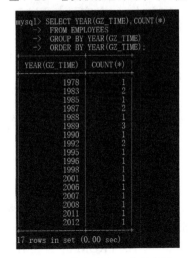

图4-29 每年参加工作的人数

运行代码，可以看出不同工作年份的人数，共有17条记录，如图4-29所示。

项目小结

本项目通过对数据库查询操作的讲解，使读者对数据库简单查询有初步了解，并能够掌握多表连接查询的使用方法，熟悉嵌套查询的思路与操作方法，最后通过所学知识为之后的MySQL学习打好基础。

课后习题

选择题

（1）当数据表中的数据多时，除了需要对数据表能够完成数据更新操作外，还需要从数据表中查询需要的信息，此时可以使用（　　）语句进行查询。

    A．SEARCH   B．CHECK   C．CATCH   D．SELECT

（2）SELECT语句可以从一个或多个表中选取特定的行和列，结果通常是生成一个（　　）。

    A．临时表   B．字符集   C．数据表   D．特定表

（3）SELECT语句的参数中，用于按指定条件进行查询的是（　　）。

    A．FROM   B．GROUP BY   C．WHERE   D．HAVING

（4）聚合函数用于对查询结果集中的指定字段进行统计，并输出（　　）。

    A．平均值   B．统计值   C．特定值   D．中位数

（5）聚合函数中最经常使用的是COUNT函数，用于统计表中满足条件的（　　）。

    A．行数   B．总行数   C．平均数   D．总和数

（6）（　　）实际上通过各个表之间的共同列的关联性来查询数据。

    A．嵌套查询   B．多表查询   C．简单查询   D．协同查询

（7）当给定的列上只有空值或者检索出的中间结果为空时，MAX和MIN函数的值为（　　）。

    A．空   B．NULL   C．UNDEFINED   D．ERROR

（8）连接的方式是将各个表用（　　）分隔。

    A．分号   B．空格   C．逗号   D．箭头

（9）（　　）测试子查询返回的记录是否存在。

    A．内联查询   B．比较子查询   C．联合查询   D．外层查询

（10）在实际查询中，因为某种特殊情况，需要将几个（　　）语句的查询结果合并在一起显示。

    A．FROM   B．WHERE   C．SELECT   D．IN

学习评价

通过学习本项目，看自己是否掌握了以下技能，在技能检测表中标出已掌握的技能。

评价标准	个人评价	小组评价	教师评价
（1）是否具备使用聚合函数进行统计查询的能力			
（2）是否具备独立使用联合查询表的能力			

注：A为能做到；B为基本能做到；C为部分能做到；D为基本做不到。

项目 5

数据处理与视图

项目导言

经过分析处理进行简化，将一系列复杂的数据，减少为几个能起到关键分析价值的数据。归纳分析出能起到有描述作用的数值，有代表性的数值的操作便是数据处理。通过数据处理与视图，我们面对大量数据的时候，可以通过几个代表性的数据大概知道数据的整体情况，让我们跟随本项目，一起来学习吧。

学习目标

➢ 了解MySQL运算符和函数的概念；

➢ 熟悉使用运算符与函数处理数据；

➢ 了解JSON与窗口函数的使用方法；

➢ 掌握视图的设计与创建；

➢ 熟悉查看并修改或删除视图；

➢ 具备使用运算符与函数处理数据的能力；

➢ 具备使用视图并进行增删改查的能力；

➢ 具备精益求精、坚持不懈的精神；

➢ 具有独立解决问题的能力；

➢ 具备灵活的思维和处理分析问题的能力；

➢ 具有责任心。

任务1 使用运算符和函数

在数据管理过程中，经常要使用运算符和函数进行数据处理。例如，进行简单的数学运算、比较运算，求总成绩、最高分、最低分、平均分，根据参加工作的时间计算工龄，查询年龄在30~40岁的老师，根据成绩判断是否及格，格式化时间、日期等，这些都需要使用相关运算符和函数。本任务主要学习MySQL中的运算符和相关函数。

知识准备

一、认识和使用运算符

在MySQL中，运算符就是参与运算的一系列符号，用来进行变量或者表达式之间的数学或比较等运算。在SQL中常用的运算符包括算术运算符、比较运算符和逻辑运算符。

算术运算符包括：+（加）、-（减）、*（乘）、/（除）、%（取余）5个，见表5-1。

表5-1 算术运算符

运算符	用法说明
+	加法运算，求两个变量或表达式的和
-	减法运算，求两个变量或表达式的差
*	乘法运算，求两个变量或表达式的积
/	除法运算，求两个变量或表达式的商
%	取余运算，求两个变量或表达式相除的余数，例如，5%2的值为1

比较运算符用来比较两个变量或表达式的大小关系，见表5-2。比较运算符的运算结果为逻辑值true或false。

表5-2 比较运算符

运算符	用法说明
>	大于，如3>2，值为true
<	小于，如3<2，值为false
=	等于，如3=2，值为false
>=	大于等于，如3>=2，值为true
<=	小于等于，如3<=2，值为false
<>	不等于，如3<>2，值为true

逻辑运算符用来对某个条件进行判断，以获得一个真或假的值，真用true表示，假用false表示，见表5-3。

表5-3 逻辑运算符

运算符	用法说明
NOT或!	非运算或取反运算，例如，!（成绩<60），表示所有成绩及格的学生
AND或&&	与运算，例如，成绩>=80 && 成绩<=100，表示所有成绩80到100分的学生
OR或||	或运算，例如，成绩>=80 || 成绩<60，表示成绩大于等于80或不及格的学生

二、认识和使用函数

1. 数学函数

数学函数是MySQL中常用的一类函数，主要用于处理数据，包括整数、浮点数等。数学函数包括绝对值函数、正弦函数、余弦函数和获取随机数的函数等。MySQL中常见数学函数，见表5-4。

表5-4 MySQL中常见数学函数

函数	功能	函数	功能
ABS(x)	返回某个数的绝对值	ROUND(x) ROUND(x,y)	返回距离x最近的整数 返回x保留到小数点后y位的值
PI()	返回圆周率	SIGN(x)	返回x的符号，当x分别是负数、0、正数时返回-1、0、1
SQRT(x)	返回一个数的平方根	RADIANS(x) DEGREES(x)	将角度转换为弧度 将弧度转换为角度 这两个函数互为反函数
MOD(x,y)	返回余数	SIN(x)、COS(x)、TAN(x)	分别返回一个角度（弧度）的正弦、余弦和正切值
GREATEST() LEAST()	返回一组数的最大值和最小值	ASIN(x)、ACOS(x) 和ATAN(x)	分别返回一个角度（弧度）的反正弦、反余弦和反正切值。x的取值必须为-1～1
FLOOR() CEILING()	分别返回小于一个数的最大整数值、大于一个数的最小整数值	LOG(x) LOG10(x)	返回x的自然对数 返回x的以10为底的对数
RAND() RAND(x)	返回0～1的随机数	POW(x,y) EXP(x)	返回x的y次方，即x^y 返回e的x次方，即e^x

2. 聚合函数

聚合函数又叫组函数，通常是对表中的数据进行统计和计算，一般结合分组(group by)来使用，用于统计和计算分组数据。常用聚合函数，见表5-5。

表5-5 常用聚合函数

函数	描述
COUNT(expr)	用于返回由SELECT语句检索出来的行的非NULL的数目
AVG(expr)	返回expr的平均值
MIN(expr)	返回expr的最小值
MAX(expr)	返回expr的最大值
SUM(expr)	返回expr的总和

3. 日期和时间函数

日期和时间函数主要用于处理日期和时间数据，并返回字符串、数值或日期时间数据，常用的日期和时间函数，见表5-6。

表5-6　常用的日期和时间函数

函数	描述
CURDATE()和CURRENT_DATE()	获取当前日期
CURTIME()和CURRENT_TIME()	获取当前时间
NOW()、LOCALTIME()和SYSDATE()	用来获取当前日期和时间
YEAR()	分析一个日期值并获取其中年的部分
QUARTER(d)	获取d值表示本年第几季度，值的范围是1~4
MONTH()	分析一个日期值并获取其中关于月的部分，值的范围是1~12
DAY( )	分析一个日期值并获取其中关于日期的部分，值的范围是1~31
DAYOFYEAR()	获取指定日期在一年的序数
DAYOFWEEK()	获取指定日期在一个星期的序数
DAYOFMONTH()	获取指定日期一个月中的序数
DAYNAME(d)	返回日期d是星期几，其显示为英文，如Monday、Tuesday等
DAYOFWEEK(d)	返回日期d是星期几，1表示星期日，2表示星期一，以此类推
WEEKDAY(d)	返回日期d是星期几，0表示星期一，1表示星期二，以此类推
WEEK(d)和WEEKOFYEAR(d)	计算日期d是本年的第几个星期。返回值的范围是1~53
DAYOFYEAR(d)	计算日期d是本年的第几天
DAYOFMONTH(d)	计算日期d是本月的第几天

三、JSON函数

当处理海量数据时，MySQL的JSON字段类型成为一个强大的工具，特别适用于数据结构频繁变化或者包含复杂嵌套结构的场景。通过使用JSON字段类型，开发者可以将原本需要拆分成多个表或列的数据集中存储在一个单独的列中，从而简化了数据库设计并减少了表之间的关联查询。常用JSON函数，见表5-7。

表5-7　常用JSON函数

函数	描述
JSON_CONTAINS()	查询JSON文档是否在指定path包含指定的数据，包含则返回1，否则返回0
JSON_CONTAINS_PATH()	查询是否存在指定路径，存在则返回1，否则返回0。如果有参数为NULL，则返回NULL
JSON_EXTRACT)	从JSON文档里抽取数据。如果有参数有NULL或path不存在，则返回NULL
JSON_KEYS()	获取JSON文档在指定路径下的所有键值，返回一个json array
JSON_SEARCH()	查询包含指定字符串的path，并作为一个json array返回。 如果有参数为NULL或path不存在，则返回NULL

四、窗口函数

从MySQL 8.0开始，支持在查询中使用窗口函数。窗口函数的作用与在查询过程中对数据进行分组相似，分组操作会把分组的结果聚合成一条记录，而窗口函数是将分组的结果置于每一条数据记录中。窗口函数的语法格式如下。

```
window_function_name(expression)
    OVER (
        [partition_definition]
        [order_definition]
        [frame_definition]
    )
```

窗口函数总体上可以分为序号函数、分布函数、前后函数、首尾函数和其他函数。常用窗口函数，见表5-8。

表5-8　常用窗口函数

函数分类	函数	函数说明
序号函数	ROW_NUMBER()	顺序排序
	RANK()	并列排序，会跳过重复的序号，例如，序号1、1、3
	DENSE_RANK()	并列排序，不会跳过重复的序号，例如，序号1、1、2
分布函数	PERCENT_RANK()	等级值百分比
	CUME_DIST()	累积分布值
前后函数	LAG(expr, n)	返回当前行的前n行的expr的值
	LEAD(expr, n)	返回当前行的后n行的expr的值
首尾函数	FIRST_VALUE(expr)	返回第一个expr的值
	LAST_VALUE(expr)	返回最后一个expr的值
其他函数	NTH_VALUE(expr, n)	返回第n个expr的值
	NTILE(n)	将分区中的有序数据分为n个桶，记录桶编号

【示例】在myStudent系统中，查询学号为122001的学生的总分数、最高分数和平均分数，示例代码如下。

```
SELECT s_no, c_no, report,
SUM(report) OVER w AS score_sum,
MAX(report) OVER w AS score_max,
AVG(report) OVER w AS score_avg
FROM score
WHERE s_no=122001
WINDOW w AS (PARTITION BY s_no ORDER BY c_no);
```

运行代码，查询学号为122001的学生，如图5-1所示。

```
mysql> use myStudent;
Database changed
mysql> SELECT s_no,  c_no,  report,
    -> SUM(report) OVER w AS score_sum,
    -> MAX(report) OVER w AS score_max,
    -> AVG(report) OVER w AS score_avg
    -> FROM score
    -> WHERE s_no=122001
    -> WINDOW w AS (PARTITION BY s_no ORDER BY c_no);
+--------+-------+--------+-----------+-----------+-----------+
| s_no   | c_no  | report | score_sum | score_max | score_avg |
+--------+-------+--------+-----------+-----------+-----------+
| 122001 | A001  | 87.0   | 87.0      | 87.0      | 87.00000  |
| 122001 | A002  | 56.0   | 143.0     | 87.0      | 71.50000  |
| 122001 | A003  | 76.0   | 219.0     | 87.0      | 73.00000  |
| 122001 | B001  | 60.0   | 279.0     | 87.0      | 69.75000  |
+--------+-------+--------+-----------+-----------+-----------+
4 rows in set (0.04 sec)
```

图5-1　查询学号为122001的学生信息

五、字符串函数

MySQL提供了多种字符串函数，通常用于处理和操作字符串数据。通过这些函数能够在查询中执行字符串的相关操作，如拼接、替换、查看长度等。常用字符串函数见表5-9。

表5-9　常用字符串函数

函数名	功能
ASCII(s)	返回字符的ASCII值
CONCAT(s1,s2,s3)	返回字符串s1、s2、s3连接成的一个新字符串
LOWER(s)	返回字符串中所有字符转换成小写字母的结果
UPPER(s)	返回字符串中所有字符转换成大写字母的结果
LENGTH(s)	返回字符串的长度

在MySQL的命令窗口中，通过查询分别求一个数的绝对值、返回字符串的长度、返回输入日期是一年中的第几天，代码如下。运行代码，如图5-2所示。

```
SELECT ABS(-3),LENGTH('hello'),DAYOFYEAR('2022-10-26');
```

```
mysql> SELECT ABS(-3),LENGTH('hello'),DAYOFYEAR('2022-10-26');
+---------+----------------+-------------------------+
| ABS(-3) | LENGTH('hello')| DAYOFYEAR('2022-10-26') |
+---------+----------------+-------------------------+
|       3 |              5 |                     299 |
+---------+----------------+-------------------------+
1 row in set (0.01 sec)
```

图5-2　字符串函数的应用

任务实施

第一步：查询年龄大于18岁且不是信息学院与外语学院的员工的姓名和性别，代码如下。

扫码观看视频

092

```
SELECT e_name,sex
FROM employees,departments
WHERE employees.d_id=departments.d_id
AND d_name  NOT IN('信息学院','外语学院')
AND YEAR(NOW())-YEAR(birth)>18;
```

运行代码，可以看到共有12名不属于信息学院与外语学院的员工且年龄大于18岁，如图5-3所示。

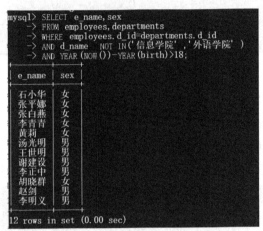

图5-3　年龄大于18岁且不是信息学院与外语学院的员工的姓名和性别

第二步： 统计每位员工的实际收入，示例代码如下。

```
SELECT e_name,jib_in+jix_in+jint_in-gj_out-tax_out-qt_out AS 实际收入
FROM salary JOIN employees USING(e_id);
```

运行代码，可以看到每位入职员工薪资的具体数值，如图5-4所示。

```
mysql> SELECT e_name,jib_in+jix_in+jint_in-gj_out-tax_out-qt_out AS 实际收入
    -> FROM salary JOIN employees USING(e_id);

+--------+----------+
| e_name | 实际收入 |
+--------+----------+
| 李明   |  6546.00 |
| 李小光 |  8338.00 |
| 张伟健 |  7648.00 |
| 石小华 |  7390.00 |
| 黄莉   |  7620.00 |
| 余明平 |  6690.00 |
| 苏小明 |  7760.00 |
| 李正中 |  8920.00 |
| 王君君 | 10053.00 |
| 赵剑   |  5740.00 |
+--------+----------+
10 rows in set (0.00 sec)
```

图5-4　每位员工的实际收入

第三步： 查询年龄在40岁以上的员工信息，示例代码如下。

```
SELECT * FROM employees
WHERE YEAR(NOW())-YEAR(birth)>40;
```

运行代码，可以看到全部40岁以上员工的基本信息，如图5-5所示。

```
mysql> SELECT * FROM employees
    -> WHERE YEAR(NOW())-YEAR(birth)>40;
```

E_ID	E_NAME	SEX	PROFESSIONAL	EDUCATION	POLITICAL	BIRTH	MARRY	GZ_TIME	D_ID	BZ
100100	李明	男	副教授	硕士	党员	1967-02-01	否	1989-09-01	B001	是
100102	张伟键	男	教授	本科	党员	1965-05-06	是	1987-07-08	B003	是
100103	石小华	女	教授	硕士	党员	1978-06-07	是	1992-01-01	A001	是
100105	余明平	男	教授	硕士	党员	1960-05-12	是	1983-04-05	B001	是
100106	苏小明	男	教授	硕士	群众	1956-04-13	是	1983-04-03	B003	是
100330	李正中	男	副教授	硕士	群众	1978-10-29	否	1995-10-01	B002	是
100331	王君君	女	教授	博士	党员	1956-11-18	否	1978-12-07	B003	是
100332	赵剑	男	讲师	博士	党员	1967-12-25	否	1989-04-08	B005	是
100333	欧阳	女	副教授	博士	民进	1966-03-08	否	1988-02-09	B003	是
200100	李明义	男	讲师	硕士	党员	1965-04-17	否	1987-08-10	B005	是
200101	孙美灵	男	讲师	硕士	党员	1977-05-16	否	1998-09-11	B003	是
200102	王世明	男	副教授	硕士	党员	1976-03-21	否	1996-07-21	A004	是
200105	苏珍珍	女	副教授	本科	党员	1966-08-11	是	1985-08-01	B003	是
200221	李青青	女	副教授	本科	群众	1964-10-06	是	1989-04-03	A001	是

14 rows in set (0.00 sec)

图5-5　40岁以上员工信息

第四步：查询在1978年出生的员工信息，示例代码如下。

```
SELECT * FROM employees
WHERE YEAR(birth)=1978;
```

运行代码，可以看到两位在1978年出生的员工的基本信息，如图5-6所示。

```
mysql> SELECT * FROM employees
    -> WHERE YEAR(birth)=1978;
```

E_ID	E_NAME	SEX	PROFESSIONAL	EDUCATION	POLITICAL	BIRTH	MARRY	GZ_TIME	D_ID	BZ
100103	石小华	女	教授	硕士	党员	1978-06-07	是	1992-01-01	A001	是
100330	李正中	男	副教授	硕士	群众	1978-10-29	否	1995-10-01	B002	是

2 rows in set (0.00 sec)

图5-6　1978年出生的员工信息

第五步：查询基本工资在3000以上的副教授所在的姓名、部门，示例代码如下。

```
SELECT e_name,d_name
FROM departments JOIN employees USING(d_id)
        JOIN salary USING(e_id)
WHERE jib_in>=3000 AND professional='副教授';
```

运行代码，可以看到只有一位工资在3000以上的副教授，其姓名与所在部门如图5-7所示。

```
mysql> SELECT e_name, d_name
    -> FROM departments JOIN employees USING (d_id)
    ->         JOIN salary USING (e_id)
    -> WHERE jib_in>=3000 AND professional='副教授';
+--------+----------+
| e_name | d_name   |
+--------+----------+
| 李正中 | 艺术学院 |
+--------+----------+
1 row in set (0.00 sec)
```

图5-7　工资在3000以上的副教授

第六步：查询统计信息学院最高基本工资、最低基本工资和基本工资总和，示例代码如下。

```
SELECT MAX(jib_in),MIN(jib_in),SUM(jib_in)
FROM salary,departments,employees
WHERE departments.d_id=employees.d_id
AND salary.e_id=employees.e_id
AND departments.d_name='信息学院';
```

运行代码，可以看到信息学院最高基本工资、最低基本工资和基本工资的总和，如图5-8所示。

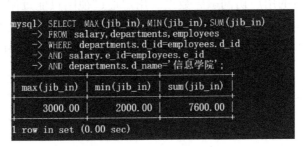

图5-8 信息学院最高基本工资、最低基本工资和基本工资的总和

任务2 创建和使用视图

任务描述

视图是在原有的表（或者视图）的基础上重新定义的一张虚拟表，例如，学生信息表中对于学生的身份证、手机号、地址等基本信息很重要，此时可以使用视图选取基本的或对用户有用的信息，屏蔽掉那些对用户没有用或者用户没有权限了解的信息，以保证数据的安全。本任务将从认识视图着手，学习视图的创建、查看、使用、修改和删除方法，并学会通过视图对数据进行查询和计算、通过视图对基本表进行数据更新的操作。

知识准备

一、认识视图

视图可以是一个基表数据的一部分，也可以是多个基表数据的联合。视图可以由一个或多个其他视图产生。视图保存数据库中的查询，也就是说视图只是给查询起了一个名字，把它作为对象保存在数据库中。对查询的大多数操作也可以在视图上进行。从不同的角度来看，视图可以总结为以下内容：

1）从用户角度来看，视图可从一个特定的角度来查看数据库中的数据。

2）从数据库系统内部来看，视图是由SELECT语句查询定义的虚拟表。

3）从数据库系统外部来看，视图就如同一张表，可对表进行的一般操作，也可以应用于视图，例如，查询、插入、修改和删除操作等。

视图通常用来进行以下三种操作：

1）筛选表中的记录。视图不仅可以简化用户对数据的理解，也可以简化他们的操作。那些经常被使用的查询可以被定义为视图，从而使用户不必在以后的每次操作中指定全部的条件。

2）防止未经许可的用户访问敏感数据。用户通过视图只能查询和修改他们所能见到的数据，但不能操作数据表特定行和特定列。通过视图，用户可以被限制在数据的不同子集上，使用权限可被限制在另一视图的一个子集上，或是一些视图和基本表合并后的子集上。

3）将多个物理数据表抽象为一个逻辑数据表。

二、创建视图

在MySQL中，使用CREATE VIEW语句创建视图，其语法格式如下。

```
CREATE [OR REPLACE] VIEW 视图名[(字段名列表)]
AS SELECT 语句
[WITH [CASCADED|LOCAL] CHECK OPTION];
```

参数说明：

1）OR REPLACE：当具有同名视图时，将使用新创建的视图覆盖原视图。

2）字段名列表：指定视图查询结果的字段名，如果省略该选项，视图查询结果的字段名和SELECT子句中的字段名一致。

3）SELECT语句：是指用来创建视图的SELECT语句，可在SELECT语句查询多个表或视图。

4）WITH CHECK OPTION：指出在可更新视图上所进行的修改都要符合SELECT语句所指定的限制条件，这样可以确保数据修改后，仍可通过视图看到修改的数据。当视图根据另一个视图定义时，WITH CHECK OPTION给出LOCAL和CASCADED两个参数，它们决定了检查测试的范围。LOCAL关键字使CHECK OPTION只对定义的视图进行检查，CASCADED则会对所有视图进行检查。如果未给定关键字，则默认值为CASCADED。

另外，使用视图时要注意下列事项。

1）视图属于数据库。默认情况下，将在当前数据库上创建新视图。如果想在指定的数据库中创建视图，则需要将视图名称指定为"数据库名.视图名"。

2）视图的命名不能与表名相同，每个视图名应该是唯一的。

3）不能把规则、默认值或触发器与视图相关联。

4）不能在视图上建立任何索引。

5）创建视图时，要求创建者具有针对视图的CREATE VIEW权限，以及针对SELECT语句选择每一列的权限。

【示例】在myStudent数据库中创建VIEW_COURSE视图，示例代码如下。

```
CREATE OR REPLACE VIEW VIEW_COURSE
AS SELECT  C_NO, C_NAME FROM COURSE;
```

运行代码，如图5-9所示，出现“Query OK, 0 rows affected (0.06 sec)”，说明命令执行成功。

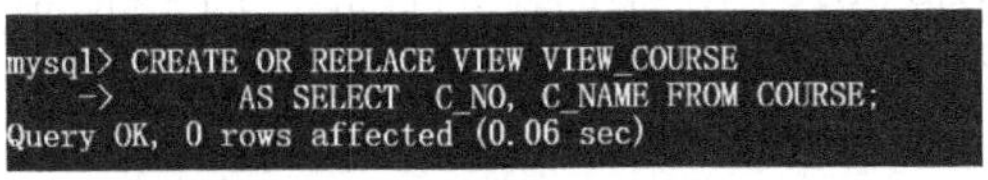

```
mysql> CREATE OR REPLACE VIEW VIEW_COURSE
    ->        AS SELECT  C_NO, C_NAME FROM COURSE;
Query OK, 0 rows affected (0.06 sec)
```

图5-9　创建VIEW_COURSE视图

【示例】创建名为VIEW_STU的视图，示例代码如下。

```
CREATE OR REPLACE VIEW VIEW_STU
AS SELECT  * FROM students;
```

运行代码，如图5-10所示，出现“Query OK, 0 rows affected (0.01 sec)”，说明命令执行成功。

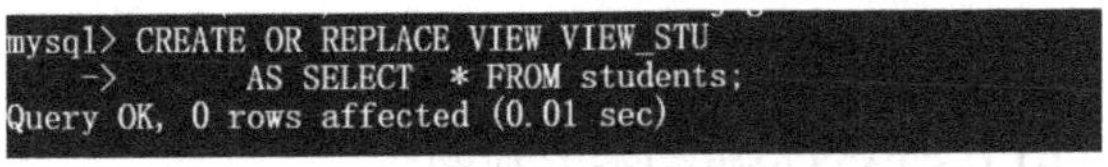

```
mysql> CREATE OR REPLACE VIEW VIEW_STU
    ->        AS SELECT  * FROM students;
Query OK, 0 rows affected (0.01 sec)
```

图5-10　创建VIEW_STU视图

【示例】创建视图VIEW_CJ，包括学号、课程名和成绩字段，示例代码如下。

```
CREATE VIEW VIEW_CJ(学号, 课程名, 成绩)
AS SELECT students.S_NO, C_NAME, report
FROM students, course, score
WHERE students.S_NO=score.S_NO
AND score.C_NO=course.C_NO;
```

运行代码，出现“Query OK, 0 rows affected (0.01 sec)”，使用“SELECT * FROM VIEW_CJ；”进行视图信息查询，如图5-11所示，说明命令执行成功。

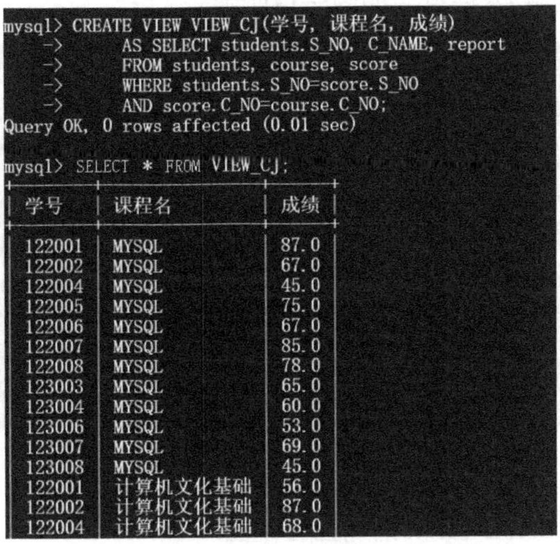

```
mysql> CREATE VIEW VIEW_CJ(学号, 课程名, 成绩)
    ->        AS SELECT students.S_NO, C_NAME, report
    ->        FROM students, course, score
    ->        WHERE students.S_NO=score.S_NO
    ->        AND score.C_NO=course.C_NO;
Query OK, 0 rows affected (0.01 sec)

mysql> SELECT * FROM VIEW_CJ;
+--------+--------------+------+
| 学号   | 课程名       | 成绩 |
+--------+--------------+------+
| 122001 | MYSQL        | 87.0 |
| 122002 | MYSQL        | 67.0 |
| 122004 | MYSQL        | 45.0 |
| 122005 | MYSQL        | 75.0 |
| 122006 | MYSQL        | 67.0 |
| 122007 | MYSQL        | 85.0 |
| 122008 | MYSQL        | 78.0 |
| 123003 | MYSQL        | 65.0 |
| 123004 | MYSQL        | 60.0 |
| 123006 | MYSQL        | 53.0 |
| 123007 | MYSQL        | 69.0 |
| 123008 | MYSQL        | 45.0 |
| 122001 | 计算机文化基础 | 56.0 |
| 122002 | 计算机文化基础 | 87.0 |
| 122004 | 计算机文化基础 | 68.0 |
```

图5-11　创建视图VIEW_CJ并查询视图

三、查看视图

在MySQL中，查看视图是指查看数据库中已经存在的视图的定义。查看视图必须有SHOW VIEW权限。查看视图有三种方式。

（1）使用DESC语句查看视图

在MySQL中，使用DESCRIBE语句可以查看视图的字段信息，包括字段名、字段类型等，这里的DESCRIBE语句通常简写为DESC，其语法格式如下：

DESC 视图名;

在学生成绩管理数据库myStudent中，查看视图VIEW_CJ的基本信息，如图5-12所示。

图5-12　查看视图"VIEW_CJ"基本信息

（2）使用SHOW TABLE STATUS语句查看视图

在MySQL中，使用SHOW TABLE STATUS语句可以查看视图的定义信息，其语法格式如下。

SHOW TABLE STATUS LIKE '视图名';

参数说明：

1）LIKE：表示后面是匹配字符串。

2）视图名：表示要查看的视图名称，可以是一个具体的视图名，也可以是包含通配符，代表要查看的多个视图。视图名称要用单引号括起来。

在学生成绩管理数据库myStudent中，查看视图VIEW_CJ的基本信息，示例代码如下。

SHOW TABLE STATUS LIKE 'VIEW_CJ';

查看VIEW_CJ视图的基本信息，如图5-13所示。

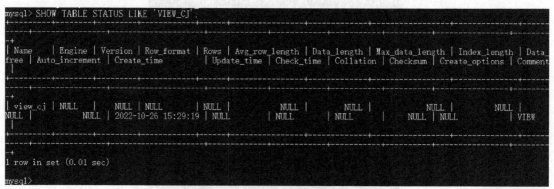

图5-13　查看VIEW_CJ视图的基本信息

（3）使用SHOW CREATE VIEW语句查看视图

在MySQL中，使用SHOW CREATE VIEW语句不仅可以查看视图的定义语句，还可以查看视图的字符编码以及视图中的记录行数，其语法格式如下。

```
SHOW CREATE VIEW 视图名;
```

在学生成绩管理数据库myStudent中，查看视图VIEW_CJ的基本信息，示例代码如下。

```
SHOW CREATE VIEW VIEW_CJ;
```

查看VIEW_CJ视图的定义，如图5-14所示。

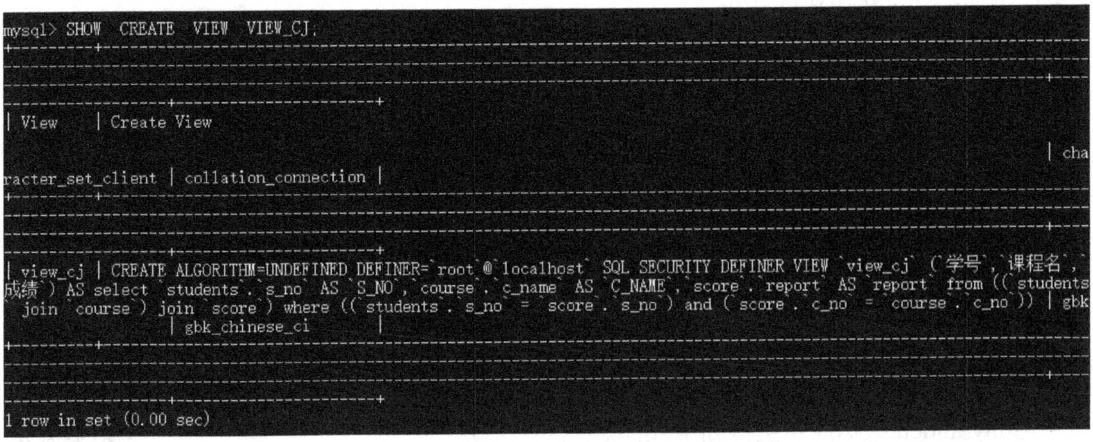

```
mysql> SHOW CREATE VIEW VIEW_CJ;
| View    | Create View                                                                 | character_set_client | collation_connection |
| view_cj | CREATE ALGORITHM=UNDEFINED DEFINER=`root`@`localhost` SQL SECURITY DEFINER VIEW `view_cj` (`学号`,`课程名`,`成绩`) AS select `students`.`s_no` AS `S_NO`,`course`.`c_name` AS `C_NAME`,`score`.`report` AS `report` from ((`students` join `course`) join `score`) where ((`students`.`s_no` = `score`.`s_no`) and (`score`.`c_no` = `course`.`c_no`)) | gbk | gbk_chinese_ci |
1 row in set (0.00 sec)
```

图5-14 查看VIEW_CJ视图的定义

四、修改视图

在MySQL中，修改视图是指修改数据库中已经存在的视图的定义，而不是修改视图中的数据。修改视图可以使用ALTER VIEW语句，其语法格式如下。

```
ALTER VIEW 视图名[(字段名列表)]
AS
SELECT 语句
[WITH [CASCADED|LOCAL] CHECK OPTION];
```

在学生成绩管理数据库myStudent中，创建名为VIEW_STU的视图，修改视图VIEW_STU，用AS定义字段名，并增加“人数”字段，统计各系男、女生人数，示例代码如下。

```
ALTER VIEW VIEW_STU AS SELECT D_no AS系, SEX AS性别, COUNT(*) AS人数 FROM students GROUP BY D_no, SEX;
```

运行代码后，再使用DESC语句查看视图中的数据，如图5-15所示。

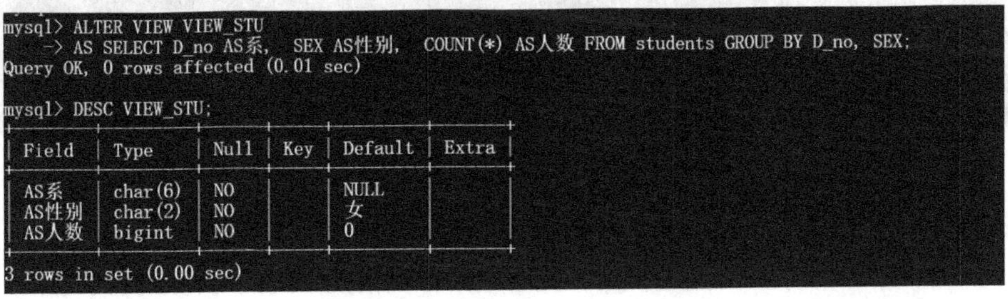

```
mysql> ALTER VIEW VIEW_STU
    -> AS SELECT D_no AS系, SEX AS性别, COUNT(*) AS人数 FROM students GROUP BY D_no, SEX;
Query OK, 0 rows affected (0.01 sec)

mysql> DESC VIEW_STU;
+--------+---------+------+-----+---------+-------+
| Field  | Type    | Null | Key | Default | Extra |
+--------+---------+------+-----+---------+-------+
| AS系   | char(6) | NO   |     | NULL    |       |
| AS性别 | char(2) | NO   |     | 女      |       |
| AS人数 | bigint  | NO   |     | 0       |       |
+--------+---------+------+-----+---------+-------+
3 rows in set (0.00 sec)
```

图5-15 查看VIEW_STU视图

从图5-15可以看出，名为VIEW_STU的视图内容已经被成功修改。

五、删除视图

如果某个已创建的视图不再使用，为了释放存储空间，简化数据库结构，可以将已存在的视图删除，其语法格式如下。

```
DROP VIEW [ IF EXISTS ]
view_name [ ,view_name ] ...
```

说明：view_name是视图名，若声明了IF EXISTS而视图不存在的话，也不会出现错误信息。

【示例】删除视图VIEW_STU，示例代码如下。

```
DROP VIEW VIEW_STU;
```

任务实施

扫码观看视频

在myStudent数据库中进行如下操作。

第一步： 创建视图VIEW_BK，并通过视图筛选出补考学生名单，示例代码如下。

```
CREATE OR REPLACE VIEW view_bk
AS
SELECT students.s_no,students.s_name,score.report FROM score,students WHERE students.s_no=score.s_no;

SELECT * FROM view_bk WHERE report<60;
```

运行代码，可以看出成绩小于60的学生名单，如图5-16所示。

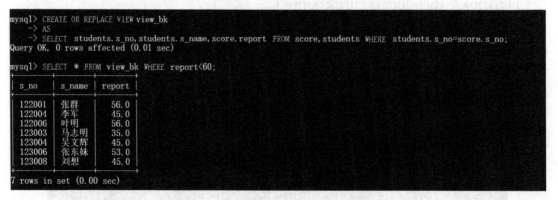

图5-16　成绩小于60的学生名单

第二步： 分别创建3个视图VIEW_STU、VIEW_COURSE和VIEW_SCORE，分别基于students、course和score表，并通过视图，查看数据，供相关部门使用，示例代码如下。

```
CREATE OR REPLACE VIEW view_stu
AS SELECT * FROM  students;

CREATE OR REPLACE VIEW view_course
AS SELECT * FROM course;

CREATE OR REPLACE VIEW view_score
AS SELECT * FROM  score;
```

运行代码，通过视图查看数据，如图5-17所示。

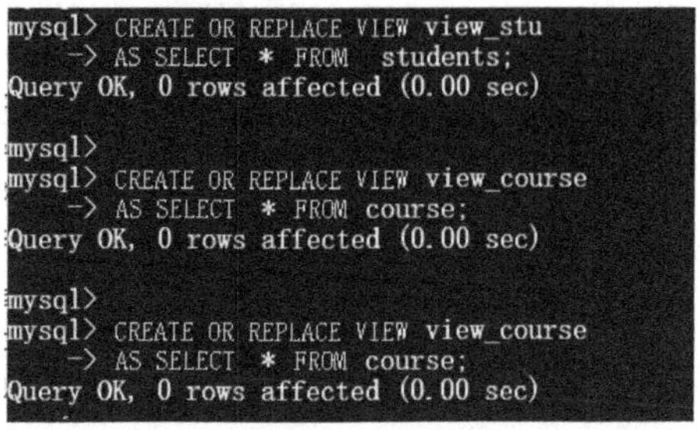

图5-17　通过视图查看数据

第三步： 创建视图，计算每门课的平均成绩，示例代码如下。

```
CREATE OR REPLACE VIEW view_cj (课程名,平均成绩) AS SELECT
 course.c_name, avg( report )FROM course,score
WHERE  course.c_no = score.c_no GROUP BY c_name;

SELECT * FROM view_cj;
```

运行代码，可以看出每门课的平均成绩，如图5-18所示。

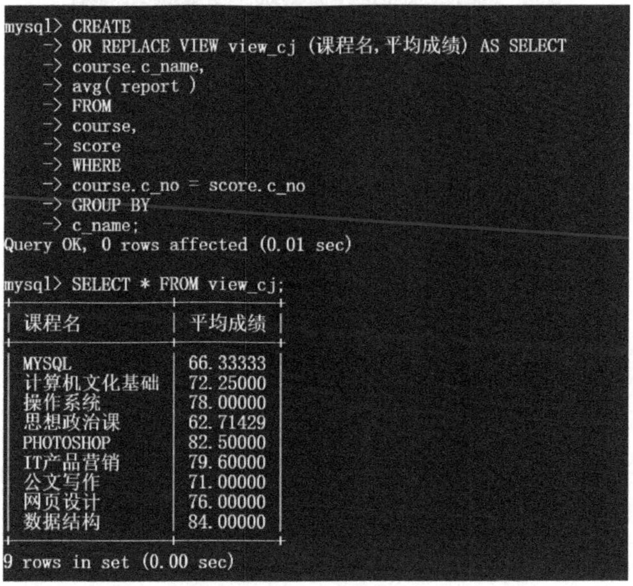

图5-18　每门课的平均成绩

第四步：创建视图 view_sex，查询性别为男的学生的学号和姓名，示例代码如下。

```
CREATE VIEW view_sex
AS SELECT s_no,s_name FROM students WHERE sex='男';
```

运行代码，查询性别为男的学生的学号和姓名，如图5-19所示。

```
mysql> CREATE VIEW view_sex
    -> AS SELECT s_no,s_name FROM students WHERE sex='男';
Query OK, 0 rows affected (0.00 sec)
```

图5-19　查询性别为男的学生的学号和姓名

第五步：创建视图view_cj_tj，查询选修了“mysql”课程的学生的学号和姓名，示例代码如下。

```
CREATE VIEW view_cj_tj
  AS
  SELECT students.s_no,s_name
  FROM students,score,course
  WHERE course.c_no=score.c_no
  AND students.s_no=score.s_no AND c_name='mysql';

SELECT * FROM view_cj_tj;
```

运行代码，可以看出选修了“mysql”课程的学生的学号和姓名，如图5-20所示。

```
mysql> CREATE VIEW view_cj_tj
    -> AS
    -> SELECT students.s_no,s_name
    -> FROM students,score,course
    -> WHERE course.c_no=score.c_no
    ->       AND  students.s_no=score.s_no
    ->       AND c_name='mysql';
Query OK, 0 rows affected (0.01 sec)

mysql> SELECT * FROM view_cj_tj
    -> ;
+--------+--------+
| s_no   | s_name |
+--------+--------+
| 122001 | 张群   |
| 122002 | 张平   |
| 122004 | 李军   |
| 122005 | 刘光明 |
| 122006 | 叶明   |
| 122007 | 张早   |
| 122008 | 聂凤卿 |
| 123003 | 马志明 |
| 123004 | 吴文辉 |
| 123006 | 张东妹 |
| 123007 | 方莉   |
| 123008 | 刘想   |
+--------+--------+
12 rows in set (0.00 sec)
```

图5-20　选修了“mysql”课程的学生的学号和姓名

项目小结

本项目通过对数据处理与视图的讲解，使读者对MySQL运算符和函数有初步了解，并能够掌握使用运算符操作数据库的方法，熟悉数据库函数的使用场景与操作，掌握创建视图的方法与视图的使用场景和使用方法，最后通过所学知识为之后的MySQL学习打好基础。

课后习题

选择题

（1）在MySQL中，运算符就是参与运算的一系列（　　　）。

    A．符号   B．关键字   C．语句   D．字符

（2）比较运算符用来比较两个变量或表达式的大小关系，比较运算符的运算结果为逻辑值（　　　）。

    A．true   B．real   C．unreal   D．false

（3）（　　　）是MySQL中常用的一类函数，主要用于处理数据，包括整数、浮点数等。

    A．运算函数   B．逻辑函数   C．操作函数   D．数学函数

（4）功能是返回一组数的最大值的函数为（　　　）。

    A．PI()   B．ABS(x)

    C．GREATEST()   D．RAND()

（5）功能是返回expr的平均值的函数为（　　　）。

    A．COUNT(expr)   B．AVG(expr)

    C．MIN(expr)   D．MAX(expr)

（6）功能是分析一个日期值并获取其中关于日期的部分的函数为（　　　）。

    A．DATE()   B．DAYNAME()

    C．MONTH()   D．DAYOFWEEK(d)

（7）功能是查询JSON文档是否在指定path包含指定的数据的函数为（　　　）。

    A．JSON_CONTAINS()   B．JSON_CONTAINS_PATH()

    C．JSON_EXTRACT()   D．JSON_KEYS()

（8）功能是将分区中的有序数据分为n个桶，记录桶编号的函数为（　　　）。

    A．RANK()   B．CUNME_DIST()

    C．NTILE(n)   D．TEXT

（9）视图的常用操作不包括（　　　）。

  A．筛选表中的记录

  B．防止未经许可的用户访问敏感数据

  C．将多个物理数据表抽象为一个逻辑数据表

  D．设定默认查询规则

（10）在MySQL中，使用（　　　）语句创建视图。

  A．CREATE VIEW   B．CREATE VIEWS

  C．CREATE RULES   D．CREATE RULE

学习评价

通过学习本项目，看自己是否掌握了以下技能，在技能检测表中标出已掌握的技能。

评价标准	个人评价	小组评价	教师评价
（1）是否具备使用运算符与函数处理数据的能力			
（2）是否具备使用视图并进行数据查询的能力			

注：A为能做到；B为基本能做到；C为部分能做到；D为基本做不到。

项目 6

存储过程与触发器

项目导言

存储过程由一组预先编辑好的SQL语句组成，而触发器是一种特殊类型的存储过程。存储过程在第一次执行时进行编译，然后将编译好的代码保存在高速缓存中便于以后调用，这样可以提高代码的执行效率。让我们跟随本项目，一起来学习吧。

学习目标

- ➤ 了解存储过程的概念；
- ➤ 熟悉创建基本的存储过程的方法；
- ➤ 了解存储过程的增、删、改、查操作；
- ➤ 掌握触发器的创建方法；
- ➤ 熟悉触发器的增、删、改、查操作方法；
- ➤ 具备独立设定存储过程配置的能力；
- ➤ 具备独立创建和修改触发器的能力；
- ➤ 具备精益求精、坚持不懈的精神；
- ➤ 具有独立解决问题的能力；
- ➤ 具备灵活的思维和处理分析问题的能力；
- ➤ 具有责任心。

 存储过程与函数

任务描述

在编制学生管理系统时，当某个学生某门课程的成绩修改后，根据成绩report是否及格更新credit表，将符合条件的学生某门课的学分累加到该学生的总学分里。这是一组重复使用的SQL语句，可以将其写成存储过程或存储函数存储在MySQL服务器中，需要时再调用，就可以多次执行重复的操作。本任务主要讲解存储过程的建立和使用。

知识准备

一、认识存储过程

MySQL的存储过程（Stored Procedure）就是为了完成某一特定功能，把一组预先编译好的SQL语句的集合作为一个整体存储在数据库中。用户需要的时候，可以通过调用存储过程来实现其功能。存储过程的优点主要体现在以下4个方面：

1）存储过程在服务器端运行，可以减少客户端和服务器端的数据传输，执行速度快，提高了系统性能。

2）使用存储过程提高了程序设计的灵活性。一旦被创建，存储过程将被作为一个整体，可以被其他程序多次反复调用。

3）确保数据库使用安全。使用存储过程可以完成数据库的所有操作，数据库管理员可以充分控制数据的访问权限，从而避免非授权用户的非法访问。

4）存储过程在被创建后，可以在程序中多次被调用而不必重新编写，避免开发人员重复地编写相同的SQL语句。而且，开发人员可以随时对存储过程进行修改，对应用程序源代码无影响。

二、创建基本的存储过程

1. DELIMITER命令

DELIMITER命令是MySQL中的用于改变语句结束符的非常实用的命令，在MySQL命令行的客户端中，服务器处理语句默认是以分号（;）为结束标志的，如果有一行命令以分号（;）结束，那么按<Enter>键后，MySQL将会执行该命令。但是在存储过程中，可能要输入较多的语句，且语句中包含有分号。如果还以分号作为结束标志，那么执行完第一个带有分号的语句后，就会认为程序结束，不能再往下执行其他语句，必须将MySQL语句的结束标志修改为其他符号。这时，可以使用DELIMITER命令来改变默认结束标志。

DELIMITER命令的语法格式如下。

```
DELIMITER 特殊字符
```

【示例】使用DELIMITER定义分号命令，并查看students表中的信息，示例代码如下。

```
DELIMITER //
SELECT * FROM student//
```

说明：MySQL使用"DELIMITER特殊字符"（这里的特殊字符指//、##、**等符号）表示将结束符临时更改为指定的字符，例如，"DELIMITER //"表示将结束符临时更改为"//"，在存储语句输入结束后，再使用"DELIMITER ;"语句把结束符改回";"。

2. 创建存储过程

在MySQL中，创建存储过程可以使用CREATE PROCEDURE语句，其语法格式如下。

```
CREATE PROCEDURE 存储过程名(参数[,…])
存储过程体
```

参数说明：

1）存储过程名：存储过程的名称。默认在当前数据库中创建。需要注意的是，这个名称要避免和MySQL内置函数的名称相同，否则会发生错误。

2）(参数[,…])：存储过程的参数列表。当有多个参数时，需要用逗号隔开。MySQL存储过程支持三种类型的参数，包括输入参数、输出参数和输入/输出参数，关键字分别是IN、OUT和INOUT。

3）存储过程体：这是存储过程的主体部分，表示存储过程的程序体，包含了存储过程调用时必须执行的SQL语句。该部分总是以BEGIN开始，以END结束。如果存储过程的语句体仅有一条语句，可以省略BEGIN和END标志。

3. 调用执行存储过程

MySQL中执行存储过程的语句是"CALL"。CALL语句可以调用指定存储过程，调用存储过程后，数据库系统将执行存储过程中的SQL语句，然后将结果返回给输出值，其语法格式如下。

```
CALL 存储过程的名称([参数[…]]);
```

说明：MySQL中利用CALL语句调用并执行存储过程需要拥有EXECUTE权限才可以生效。

【示例】在学生成绩管理数据库myStudent中，按照步骤进行下面的操作：

1）创建一个名为p_name的存储过程。该存储过程用于输出students表中所有性别为"男"的学生记录，示例代码如下。

```
DELIMITER //
CREATE PROCEDURE p_name()
   BEGIN
      SELECT * FROM students WHERE sex= '男';
   END //
DELIMITER ;
```

运行代码，创建存储过程p_name，如图6-1所示。

```
mysql> DELIMITER //
mysql> CREATE PROCEDURE p_name()
    -> BEGIN
    ->     SELECT * FROM students WHERE sex='男';
    -> END //
Query OK, 0 rows affected (0.01 sec)
```

图6-1　创建存储过程p_name

2）在学生成绩管理数据库myStudent中，执行不带参数的存储过程p_name，如图6-2所示。

```
mysql> call p_name;
+--------+--------+-----+------------+------+-------------+------------+--------------------------------+
| s_no   | s_name | sex | birthday   | d_no | address     | phone      | photo                          |
+--------+--------+-----+------------+------+-------------+------------+--------------------------------+
| 122001 | 张群   | 男  | 1990-02-01 | D001 | 文明路8号   |            | 0x                             |
| 122002 | 张平   | 男  | 1992-03-02 | D001 | 人民路9号   |            | 0x                             |
| 122003 | 余亮   | 男  | 1992-06-03 | D002 | 北京路188号 | 0102987654 | 0x                             |
| 122005 | 刘光明 | 男  | 1992-05-06 | D002 | 东风路110号 |            | 0x                             |
| 122007 | 张早   | 男  | 1992-03-04 | D003 | 人民路67号  |            | 0x                             |
| 122008 | 聂凤卿 | 男  | 1990-01-01 | D001 |             |            | 0x                             |
| 122009 | 章伟峰 | 男  | 1990-03-06 | D001 |             |            | 0x                             |
| 122010 | 王静怡 | 男  | 1992-03-04 | D001 |             |            | 0x                             |
| 122011 | 俞伟光 | 男  | 1992-05-04 | D001 |             |            | 0x                             |
| 122017 | 曾静怡 | 男  | 1990-03-04 | D001 |             |            | 0x                             |
| 122110 | 程明   | 男  | 1991-02-01 | D001 | 北京路123 号| 02066635425| 0x4E3A20D5D5C6AC312E6A7067     |
| 122111 | 程小明 | 男  | 1991-02-01 | D001 | 北京路123   | 02066635425| 0x4E3A20D5D5C6AC312E6A7067     |
| 122112 | 程明明 | 男  | 1991-02-01 | D001 | 北京路123   | 02066635425| 0x                             |
| 123003 | 马志明 | 男  | 1992-06-02 | D003 | 安西路10 号 |            | 0x                             |
| 123004 | 吴文辉 | 男  | 1992-04-05 | D003 | 学院路9号   |            | 0x                             |
+--------+--------+-----+------------+------+-------------+------------+--------------------------------+
```

图6-2　执行存储过程p_name

3）在学生成绩管理数据库myStudent中，创建一个名为p_name1的存储过程。要让用户能够按任意给定的性别进行查询，示例代码如下。

```
DELIMITER //
CREATE procedure p_name1(IN n VARCHAR(20))
    BEGIN
        SELECT * FROM students WHERE sex= n;
END //
DELIMITER ;
```

运行代码，创建存储过程p_name1，如图6-3所示。

```
mysql> DELIMITER //
mysql> CREATE procedure p_name1(IN n VARCHAR(20))
    -> BEGIN
    ->     SELECT * FROM students WHERE sex= n;
    -> END //
Query OK, 0 rows affected (0.00 sec)
```

图6-3　创建存储过程p_name1

4）在学生成绩管理数据库myStudent中，执行带参数的存储过程p_name1，查询性别为"女"的学生记录，示例代码如下。

```
SET @sex='女';
CALL p_name1(@sex);
```

说明：这里的"@参数名"是指调用存储过程的参数的名字，这个参数一般是系统已经定义好的一个用户自定义变量，以@开头，如果有多个参数，则以逗号分隔。

运行代码，执行存储过程p_name1，如图6-4所示。

图6-4 执行存储过程p_name1

5）在学生成绩管理数据库myStudent中，创建一个名为p_sex的存储过程。要让用户能够按给定的性别进行查询，如果用户输入的性别不为男或女，则提示"性别输入错误"，示例代码如下。

```
DELIMITER //
CREATE procedure p_sex(IN n VARCHAR(20),OUT message VARCHAR(10))
BEGIN
IF n='男' || n='女' THEN
SELECT * FROM students WHERE sex= n;
   ELSE
      SET message='性别输入错误';
   END IF;
END //
DELIMITER ;
```

运行代码，创建存储过程p_sex，如图6-5所示。

图6-5 创建存储过程p_sex

6）在学生成绩管理数据库myStudent中，执行带输入输出参数的存储过程p_sex，按给定的性别进行查询，如果用户输入的性别不为男或女，则提示"性别输入错误"。执行存储过程p_sex，如图6-6所示。

图6-6 执行存储过程p_sex

说明：ous为用户自定义的变量并赋初值为0，此时，调用存储过程完成按指定性别查询学生记录，如果输入参数的值为一个错误的值，例如，"汉族"，则ous变量的值将会为存储过程的返回值"性别输入错误"。

三、查看存储过程

在MySQL中，存储过程创建好之后，除了可以调用执行，还可以查看其当前服务器上具体有哪些存储过程。

1. 通过SHOW语句查看存储过程

查看数据库中定义的存储过程，其语法格式如下。

SHOW PROCEDURE STATUS WHERE DB='数据库名'\G

在MySQL中，查看当前服务器上的存储过程，如图6-7所示。

```
mysql> SHOW PROCEDURE STATUS WHERE DB='mystudent'\G
*************************** 1. row ***************************
                  Db: mystudent
                Name: p_name
                Type: PROCEDURE
             Definer: root@localhost
            Modified: 2022-10-31 09:51:36
             Created: 2022-10-31 09:51:36
       Security_type: DEFINER
             Comment:
character_set_client: gbk
collation_connection: gbk_chinese_ci
  Database Collation: utf8mb4_general_ci
*************************** 2. row ***************************
                  Db: mystudent
                Name: p_name1
                Type: PROCEDURE
             Definer: root@localhost
            Modified: 2022-10-31 09:56:32
             Created: 2022-10-31 09:56:32
       Security_type: DEFINER
             Comment:
character_set_client: gbk
collation_connection: gbk_chinese_ci
  Database Collation: utf8mb4_general_ci
*************************** 3. row ***************************
                  Db: mystudent
                Name: p_sex
                Type: PROCEDURE
             Definer: root@localhost
            Modified: 2022-10-31 09:59:13
             Created: 2022-10-31 09:59:13
       Security_type: DEFINER
             Comment:
character_set_client: gbk
collation_connection: gbk_chinese_ci
  Database Collation: utf8mb4_general_ci
3 rows in set (0.00 sec)
```

图6-7　查看服务器上的存储过程

2. 通过SHOW CREATE PROCEDURE语句查看存储过程

在MySQL中，可以查看存储过程的定义信息，其语法格式如下。

SHOW CREATE PROCEDURE 存储过程名\G

在学生成绩管理数据库myStudent中，查看存储过程p_name的定义信息，如图6-8所示。

图6-8　查看存储过程p_name的定义信息

四、删除存储过程

在MySQL中，删除存储过程使用DROP PROCEDURE语句完成，其语法格式如下。

DROP PROCEDURE 存储过程名;

【示例】在学生成绩管理数据库myStudent中，删除存储过程p_name。之后使用SHOW语句查看服务器上的存储过程，示例代码如下。

DROP PROCEDURE p_name;

SHOW PROCEDURE STATUS WHERE DB='mystudent'\G

运行代码，可以看出现在存储过程还有两个，如图6-9所示。

图6-9　查看服务器上的存储过程

五、建立和使用存储函数

在MySQL中，存储过程和存储函数在结构上很相似，都是由SQL语句组成的代码段，都可以被别的应用程序或SQL语句调用。

存储函数与存储过程是有区别的，主要区别如下。

1）存储函数由于本身就需要返回处理结果，所以不需要输出参数，而存储过程则需要用输出参数返回处理结果。

2）存储函数不需要使用CALL语句调用，而存储过程需要使用CALL语句调用。

3）存储函数必须使用RETURN语句返回结果，存储过程不需要使用RETURN语句返回结果。

1. 创建存储函数

在MySQL中，创建存储函数的语法结构如下。

```
CREATE FUNCTION 存储函数名(参数[,…])
RETURNS type
函数体
```

参数说明：

1）存储函数名：是指创建的存储函数的名称。

2）参数[,…]：是指存储函数的参数，多个参数之间用逗号隔开。

3）RETURNS type：声明存储函数的返回值类型，这里的type指具体的数据类型。

4）函数体：是指存储函数的具体 SQL代码。和存储过程一样，函数体部分需要使用BEGIN和END语句包含起来。

在学生成绩管理数据库myStudent中，创建一个存储函数，它返回course表中已开设的专业基础课门数，示例代码如下。

```
DELIMITER $$
CREATE FUNCTION NUM_OF_COURSE()
RETURNS INTEGER
BEGIN
    RETURN (SELECT COUNT(*) FROM course WHERE type='专业基础课');
END$$
DELIMITER ;
```

运行代码，创建存储函数NUM_OF_COURSE，如图6-10所示。

```
mysql> DELIMITER $$
mysql> CREATE FUNCTION NUM_OF_COURSE()
    -> RETURNS INTEGER
    -> BEGIN
    ->     RETURN (SELECT COUNT(*) FROM course WHERE type='专业基础课');
    -> END$$
Query OK, 0 rows affected (0.00 sec)
```

图6-10 创建存储函数NUM_OF_COURSE

说明：在MySQL 8中，如果执行上面的命令，出现如图6-11所示的错误，则需在命令前执行如下代码。

```
ERROR 1418 (HY000): This function has none of DETERMINISTIC, NO SQL, or READS SQL DATA in its declaration and binary lo
gging is enabled (you *might* want to use the less safe log_bin_trust_function_creators variable)
mysql> DELIMITER ;
```

图6-11 在MySQL 8中出现的错误

```
SET global log_bin_trust_function_creators=TRUE;
```

2. 执行存储函数

执行存储函数与执行存储过程的方法类似，其语法格式如下。

```
SELECT 存储函数名([参数]);
```

参数说明：

这里的参数是可选项，如果该存储函数定义了参数，则在调用时就必须对应地传入相应的参数。

在学生成绩管理数据库myStudent中，调用存储函数NUM_OF_COURSE，如图6-12所示。

图6-12 调用存储函数NUM_OF_COURSE

3. 查看存储函数

在MySQL中，查看存储函数的方法与查看存储过程的方法类似，都可以通过SHOW语句查看，其语法格式如下。

```
SHOW FUNCTION STATUS WHERE DB='数据库名';
```

在MySQL中，查看当前服务器上的存储函数，如图6-13所示。

```
mysql> SHOW FUNCTION STATUS WHERE DB='mystudent' \G;
*************************** 1. row ***************************
                  Db: mystudent
                Name: NUM_OF_COURSE
                Type: FUNCTION
             Definer: root@localhost
            Modified: 2022-10-31 11:10:17
             Created: 2022-10-31 11:10:17
       Security_type: DEFINER
             Comment:
  character_set_client: gbk
  collation_connection: gbk_chinese_ci
    Database Collation: utf8mb4_general_ci
1 row in set (0.00 sec)

ERROR:
No query specified
```

图6-13 查看当前服务器上的存储函数

4. 删除存储函数

在MySQL中，删除存储函数的方法与删除存储过程的方法类似，都可以通过DROP语句删除，其语法格式如下。

```
DROP FUNCTION 存储过程名;
```

在MySQL中，在服务器上删除存储函数NUM_OF_COURSE，如图6-14所示。

```
mysql> DROP FUNCTION  NUM_OF_COURSE;
Query OK, 0 rows affected (0.00 sec)

mysql> _
```

图6-14 删除存储函数

任务实施

扫码观看视频

第一步：打开myStudent数据库，示例代码如下。

```
Use myStudent;
```

第二步：创建存储过程，用指定的学号作为参数删除某一学生的记录，示例代码如下。

```
DELIMITER $$
CREATE PROCEDURE  DELETE_student(IN XH CHAR(6))
BEGIN
DELETE FROM students WHERE S_NO=XH;
END $$
DELIMITER ;
```

运行代码，指定学号作为参数，如图6-15所示。

```
mysql> DELIMITER $$
mysql> CREATE PROCEDURE  DELETE_student(IN XH CHAR(6))
    -> BEGIN
    -> DELETE FROM students WHERE S_NO=XH;
    -> END $$
Query OK, 0 rows affected (0.03 sec)

mysql> DELIMITER ;
mysql>
```

图6-15 指定学号作为参数

第三步：创建存储过程，用指定的课程号作为参数统计该课程的平均成绩，示例代码如下。

```
DELIMITER $$
CREATE  PROCEDURE  AVG_SCORE(IN KCH CHAR(6))
BEGIN
SELECT c_no, AVG(report) FROM SCORE WHERE c_no= KCH ;
END $$
DELIMITER ;
```

运行代码，指定课程号作为参数，如图6-16所示。

```
mysql> DELIMITER $$
mysql> CREATE  PROCEDURE  AVG_SCORE(IN  KCH  CHAR(6))
    -> BEGIN
    -> SELECT  c_no,  AVG(report)  FROM  SCORE  WHERE  c_no= KCH ;
    -> END $$
Query OK, 0 rows affected (0.00 sec)

mysql> DELIMITER ;
mysql>
```

图6-16 指定课程号作为参数

第四步：创建带多个输入参数的存储过程，用指定的学号和课程号作为参数查询学生成绩，示例代码如下。

```
DELIMITER $$
CREATE PROCEDURE select_score(IN XH CHAR(6), KCH CHAR(6))
BEGIN
    SELECT * FROM score
        WHERE s_no=XH and c_no=KCH ;
END $$
DELIMITER ;
```

运行代码，指定学号和课程号作为参数，如图6-17所示。

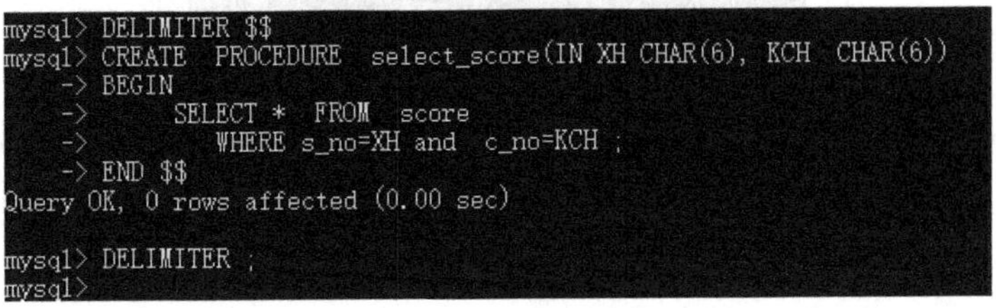

图6-17 指定学号和课程号作为参数

第五步：创建一个存储过程，根据指定的参数（学号）查看某位学生的不及格科目数，如果不及格科目数超过2门（含2门），则输出"启动成绩预警"并输出该生的成绩单，否则输出"成绩在可控范围"，示例代码如下。

```
DELIMITER $$
CREATE PROCEDURE DO_QUERY(IN XH CHAR(6), OUT STR CHAR(8))
BEGIN
    DECLARE KM TINYINT;
    SELECT COUNT(*) INTO KM FROM score WHERE s_no= XH AND report<60 ;
    IF KM>=2 THEN
    SET STR='启动成绩预警';
    SELECT * FROM SCORE WHERE s_no= XH;
    ELSEIF KM<2 THEN
    SET STR='成绩在可控范围' ;
    END IF;
END$$
DELIMITER ;
```

运行代码，对学生成绩进行筛选，如图6-18所示。

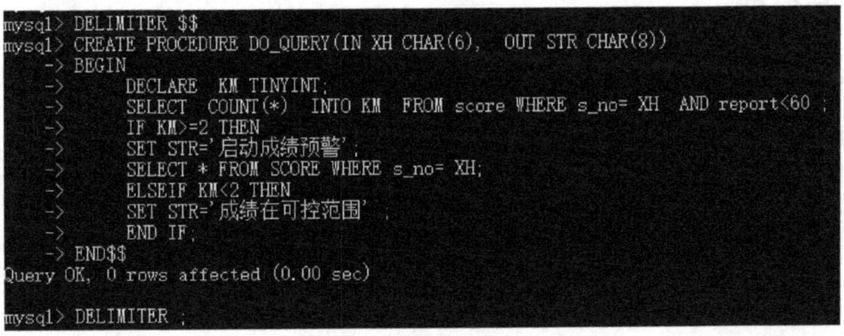

图6-18 对学生成绩进行筛选

第六步：调用存储过程DO_QUERY并进行查询，示例代码如下。

```
CALL DO_QUERY('122001', @str);
SELECT @str;
```

运行代码，调用DO_QUERY进行查询，如图6-19所示。

```
mysql> CALL DO_QUERY('122001', @str);
Query OK, 1 row affected (0.01 sec)

mysql> SELECT @str;
+----------------+
| @str           |
+----------------+
| 成绩在可控范围 |
+----------------+
1 row in set (0.00 sec)
```

图6-19 调用DO_QUERY进行查询

 任务2 ▶ 建立和使用触发器

任务描述

当学生表中增加了一个学生的信息时，学生的总数同时改变。当录入（更新）某位学生某门课的成绩时，如果成绩合格，应该将这门课的学分加到他的总学分里。当删除学生表中某个学生的信息时，同时将成绩表中与该学生有关的数据全部删除。此时可以使用触发器进行处理，本任务主要讲解触发器的建立和使用。

知识准备

触发器是一种与表操作有关的数据库对象，是一种特殊的存储过程，只要满足一定的条件，对数据进行INSERT、UPDATE和DELETE操作时，数据库系统就会自动执行触发器中定义的程序语句，以维护数据完整性或完成其他特殊的任务。触发器可以方便地实现数据库中数据的完整性。

一、创建触发器

创建触发器使用CREATE TRIGGER语句，其语法格式如下。

```
CREATE TRIGGER 触发器名 触发时间 触发事件
ON 表名
FOR EACH ROW
    BEGIN
        触发程序
END
```

参数说明：

1）触发器名：指创建触发器的名称。

2）触发时间：触发时间有两种，BEFORE和AFTER。BEFORE表示在触发事件发生之前执行触发程序，AFTER表示在触发事件发生之后执行触发程序。

3）触发事件：触发事件主要有三种，即INSERT、UPDATE、DELETE。INSERT表示将新记录插入表时激活触发程序，UPDATE表示更改表中记录时触发激活程序，DELETE表示删除表中记录时触发激活程序。

4）ON表名：表示需要创建触发器的表的名称。

5）FOR EACH ROW：表示行级触发器，即在执行INSERT、UPDATE、DELETE操作影响的每一条记录都会执行一次触发程序。

6）触发程序：包含触发器激活时将要执行的SQL语句，触发程序中不能包含SELECT语句。在触发程序中，用NEW来表示新列名，用OLD来表示旧列名。对于INSERT语句，只有NEW是合法的，对于DELETE语句，只有OLD是合法的，对于UPDATE语句，NEW和OLD语句都可以使用。

插入记录激活触发器。在学生成绩管理数据库myStudent中，创建一个触发器，当向score表中插入数据时，如果成绩大于或等于60分，则利用触发器将credit表中该学生的总学分加上该门课程的学分；否则总学分不变，示例代码如下。

```
DELIMITER $$
CREATE TRIGGER CREDIT_ADD AFTER INSERT
    ON score FOR EACH ROW
BEGIN
    DECLARE XF INT(1);
    SELECT credit INTO XF FROM course WHERE c_no=NEW.c_no;
    IF NEW.REPORT>=60 THEN
        UPDATE credit SET CREDIT=CREDIT +XF WHERE s_no=NEW.s_no;
        END IF;
END$$
DELIMITER ;
```

运行代码，创建插入触发器CREDIT_ADD，如图6-20所示。

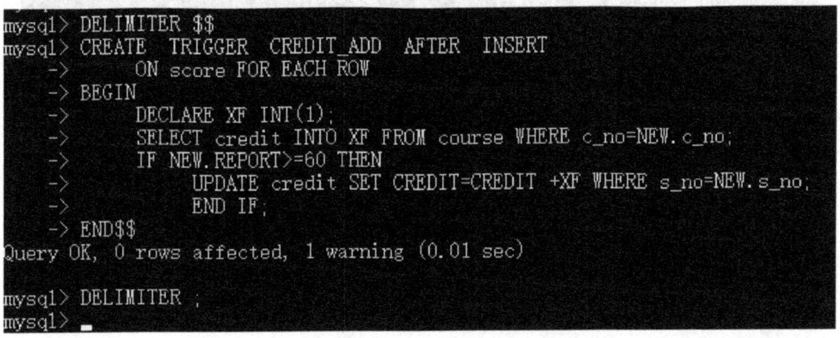

图6-20 创建插入触发器CREDIT_ADD

触发器创建成功后，使用INSERT语句插入一条成绩及格的学生成绩进行测试，代码如下，使用SELECT语句查看credit表中的情况，如图6-21所示。可以看到，已将A002课程的学分累加给了"123004"学生。

```
INSERT INTO SCORE VALUES ('123004','A002',60);
SELECT * FROM credit;
```

图6-21　查看执行插入操作时触发器的执行效果

二、查看触发器

在MySQL中，可以通过SHOW TRIGGERS语句来查看数据库中有哪些触发器，其语法格式如下。

```
SHOW TRIGGERS\G;
```

在学生成绩管理数据库myStudent中，查看创建的触发器信息，如图6-22所示。

图6-22　查看触发器信息

三、删除触发器

在MySQL中，可以通过DROP语句来删除数据库中的触发器，其语法格式如下。

```
DROP TRIGGER 触发器名称;
```

在MySQL中，删除触发器CREDIT_ADD，如图6-23所示。

```
mysql> DROP TRIGGER CREDIT_ADD;
Query OK, 0 rows affected (0.01 sec)

mysql> SHOW TRIGGERS\G;
Empty set (0.00 sec)
```

图6-23 删除触发器

任务实施

第一步：打开myStudent数据库，示例代码如下。

扫码观看视频

```
use myStudent;
```

第二步：当向Employees表中增加一个员工信息时，员工的总数同时改变，示例代码如下。

```
DELIMITER $$
CREATE TRIGGER  GYS_UPDATE AFTER  INSERT
ON EMPLOYEES FOR EACH ROW
BEGIN
CALL COUNT_EMPLOYEES();
END$$
DELIMITER ;
```

运行代码，如图6-24所示，说明GYS_UPDATE触发器创建成功。

```
mysql>    DELIMITER $$
mysql> CREATE TRIGGER  GYS_UPDATE AFTER  INSERT
    -> ON EMPLOYEES FOR EACH ROW
    ->  BEGIN
    -> CALL COUNT_EMPLOYEES();
    -> END$$
Query OK, 0 rows affected (0.01 sec)

mysql> DELIMITER ;
```

图6-24 GYS_UPDATE触发器创建成功

第三步：向employees 中插入一条数据，示例代码如下。

```
replace INTO employees VALUES (
'100110', '李光明', '男', '教授', '大学', '党员', '2014-11-25', '是', '2014-11-10', 'A001', '是');
SELECT @ygs AS total_employees;
```

运行代码，如图6-25所示，说明数据替换成功。

```
mysql> replace INTO employees VALUES (
    -> '100110', '李光明', '男', '教授', '大学', '党员', '2014-11-25', '是', '2014-11-10', 'A001', '是');
Query OK, 1 row affected (0.02 sec)
```

图6-25　数据替换成功

此时查看数据，如图6-26所示。

```
mysql> SELECT @ygs AS total_employees;
+-----------------+
| total_employees |
+-----------------+
|              23 |
+-----------------+
1 row in set (0.00 sec)

mysql>
```

图6-26　查看数据

第四步： 在salary表上建立一个BEFORE类型的触发器，监控对员工工资的更新，当更新后的工资比更新前低时，取消操作，并给出提示信息；否则允许工资的更新，示例代码如下。

```
DELIMITER $$
CREATE TRIGGER  salary_UPDATE  BEFORE  UPDATE
ON SALARY FOR EACH ROW
BEGIN
                    IF NEW.JIB_IN-OLD.JIB_IN>0 THEN
                        SET  NEW.JIB_IN=NEW.JIB_IN;
                    ELSE
                        SET  NEW.JIB_IN=OLD.JIB_IN;
                    END IF;
END $$
```

运行代码，建立一个BEFORE类型的触发器，如图6-27所示，说明创建触发器成功。

```
mysql>  DELIMITER $$
mysql>  CREATE TRIGGER  salary_UPDATE  BEFORE  UPDATE
    -> ON SALARY FOR EACH ROW
    ->  BEGIN
    ->                          IF NEW.JIB_IN-OLD.JIB_IN>0 THEN
    ->                              SET  NEW.JIB_IN=NEW.JIB_IN;
    ->                          ELSE
    ->                              SET  NEW.JIB_IN=OLD.JIB_IN;
    ->                          END IF;
    -> END$$
Query OK, 0 rows affected (0.01 sec)
```

图6-27　建立一个BEFORE类型的触发器

项目小结

本项目通过对存储过程和触发器讲解，使读者对存储过程的概念有初步了解，并能够掌握创建基本的存储过程的方法，熟悉存储过程的使用场景与方法，掌握建立与使用存储函数的方法，同时熟悉触发器的建立与删除操作，最后通过所学知识为之后的MySQL学习打好基础。

课后习题

选择题

（1）服务器处理语句默认是以（　　　）为结束标志的。

    A. 分号　　　　　　　　B. 句号　　　　　　　　C. 换行　　　　　　　　D. 管道符

（2）如果有一行命令以结束标志结束，那么按（　　　）键后，MySQL将会执行该命令。

    A. 〈Shift+Enter〉　　　　　　　　B. 〈Ctrl+Enter〉

    C. 〈Alt+Enter〉　　　　　　　　D. 〈Enter〉

（3）可以使用（　　　）命令来改变默认结束标志。

    A. PROCEDURE　　　　　　　　B. CREATE

    C. DELIMITER　　　　　　　　D. CALL

（4）（　　　）语句可以调用指定存储过程。

    A. PROCEDURE　　　　　　　　B. CREATE

    C. DELIMITER　　　　　　　　D. CALL

（5）存储函数与存储过程的区别不包括（　　　）。

    A. 输出参数　　　　　　　　B. 使用CALL语句

    C. 使用RETURN语句返回结果　　　　D. 携带参数

（6）可以通过（　　　）语句来查看数据库中有哪些触发器。

    A. DROP TRIGGER　　　　　　　　B. CREDIT_ADD

    C. SELECT　　　　　　　　D. SHOW TRIGGERS

（7）创建触发器使用（　　　）语句。

    A. CREATE TRIGGER　　　　　　　　B. CREDIT_ADD

    C. SELECT　　　　　　　　D. SHOW TRIGGERS

（8）可以通过（　　　）语句来删除数据库中的触发器。

    A. DROP　　　　　　　　B. CREDIT_ADD

    C. SELECT　　　　　　　　D. SHOW TRIGGERS

（9）存储过程和存储函数在结构上很相似，都是由SQL语句组成的（　　　）。

    A. 语句　　　　　　B. 代码段　　　　　C. 数据表　　　　　D. 数据集

（10）调用存储过程后，数据库系统将执行（　　　）中的SQL语句。

    A. 存储过程　　　　B. 触发器　　　　　C. 设定集　　　　　D. 规则表

学习评价

通过学习本项目，看自己是否掌握了以下技能，在技能检测表中标出已掌握的技能。

评价标准	个人评价	小组评价	教师评价
（1）具备独立设定存储过程配置的能力			
（2）是否具备独立创建和修改触发器的能力			

注：A为能做到；B为基本能做到；C为部分能做到；D为基本做不到。

项目 7

数据安全与优化

项目导言

在全球经济体完善数据保护立法的当下，数据安全如何做到位，如何保障数据的长远发展？在全球互联网用户访问呈现碎片化特征时，如何对数据库进行性能优化，助力流量、营收增长？这两个问题，都是需要在维护数据库时着重注意的。让我们跟随本项目，一起来学习吧。

学习目标

➢ 了解用户与权限的概念；

➢ 熟悉用户的增、删、改、查操作；

➢ 了解权限管理的概念与相关操作；

➢ 掌握数据库备份与恢复的方法；

➢ 熟悉数据库优化方案；

➢ 具备独立创建用户与设定权限的能力；

➢ 具备对数据库进行备份与恢复的能力；

➢ 具备独立为数据库进行性能优化的能力；

➢ 具备精益求精、坚持不懈的精神；

➢ 具有独立解决问题的能力；

➢ 具备灵活的思维和处理分析问题的能力；

➢ 具有责任心。

任务1 ▶ 用户与权限

任务描述

在正常的工作环境中，为了保证数据库的安全，数据库的管理员会对需要操作数据库的人员分配账号与可操作的权限范围，让其仅能够在自己权限范围内操作。数据库安全性问题一直是人们关注的焦点，数据库数据的丢失以及数据库被非法用户的侵入对于任何一个应用系统来说都是至关重要的问题。确保信息安全的重要基础在于数据库的安全性能。

知识准备

一、创建用户账户

1. 查看用户信息

在MySQL安装之后，系统会自动创建一个名为mysql的数据库，该数据库中有一个非常重要的表user，该表记录了服务器的账号及权限信息。在MySQL中，查看user表的用户名、主机名信息，示例代码如下。

```
USE mysql;
SELECT user,host FROM user;
```

运行代码，即可成功查看当前服务器上的用户信息，如图7-1所示。

2. 创建用户

在MySQL中，默认情况下只有一个root用户来管理各类数据库，但考虑其安全等因素，可以在MySQL中创建新的用户来管理数据库，其语法格式如下。

图7-1 查看服务器用户信息

```
CREATE USER 用户名@主机名 [IDENTIFIED BY [密码]];
```

参数说明：

1）用户名：指创建新用户的名称。

2）主机名：指针对指定的服务器主机创建用户。

3）IDENTIFIED BY：设置用户登录服务器时的密码。如果没有该参数，用户登录时不需要密码。

【示例】在MySQL中，创建一个新用户zhang3，密码为123456，示例代码如下。

```
CREATE user 'zhang3'@'localhost' IDENTIFIED BY ' 123456';
```

运行代码，即可创建新用户zhang3，如图7-2所示。

新用户创建成功后，可通过"SELECT user,host FROM user;"命令查看当前服务器上的用户情况，如图7-3所示。

图7-2　创建用户

图7-3　查看服务器用户信息

3. 修改用户密码

在MySQL中，只有root用户才可以设置或修改当前用户或其他特定用户的密码。如果要修改zhang3的登录密码，示例代码如下。

ALTER USER zhang3@'localhost' IDENTIFIED WITH MYSQL_NATIVE_PASSWORD BY '123';

运行代码，修改用户密码，如图7-4所示，说明密码更改成功。

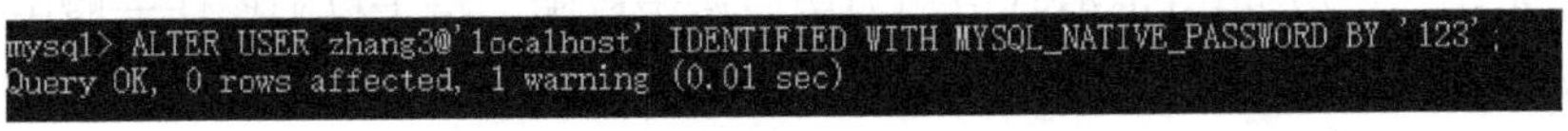

```
mysql> ALTER USER zhang3@'localhost' IDENTIFIED WITH MYSQL_NATIVE_PASSWORD BY '123';
Query OK, 0 rows affected, 1 warning (0.01 sec)
```

图7-4　修改用户密码

4. 重命名用户名

在数据库中，如果用户名设置错误，则可以通过RENAME语句进行用户名的重命名，其语法格式如下。

RENAME USER old_user TO new_user, [, old_user TO new_user] ...

说明：old_user为已经存在的SQL用户，new_user为新的SQL用户。

【示例】修改zhang3的用户名为zhangsan，示例代码如下。

RENAME USER zhang3@localhost TO zhangsan@localhost;

运行代码，修改用户名，如图7-5所示。

```
mysql> RENAME USER zhang3@localhost TO zhangsan@localhost;
Query OK, 0 rows affected (0.01 sec)

mysql>
```

图7-5　修改用户名

二、权限管理

在MySQL中，为了保证数据的安全性，数据库管理员需要为每个用户赋予不同的权限，以满足不同的需求。

1. 权限类型

MySQL数据库中有多种类型的权限，这些权限信息存储在系统内部的一些表中，服务器启动时权限也会自动设置。MySQL服务器主要的权限信息，见表7-1。

表7-1　MySQL服务器主要权限信息

权限名称	权限说明
SELECT	给予用户使用SELECT语句访问特定表的权限
INSERT	给予用户使用INSERT语句向一个特定表中添加行的权限
DELETE	给予用户使用DELETE语句从一个特定表中删除行的权限
UPDATE	给予用户使用UPDATE语句修改特定表中值的权限
REFERENCES	给予用户创建一个外键来参照特定表的权限
CREATE	给予用户使用特定的名字创建一个表的权限
ALTER	给予用户使用ALTER TABLE语句修改表的权限
INDEX	给予用户在表上定义索引的权限
DROP	给予用户删除表的权限
ALL或ALL PRIVILEGES	给予用户对表所有的权限

2. 权限授予

在MySQL中，可以使用GRANT语句为用户授予权限，授予权限操作一般由管理员根据实际工作需要进行授予，其语法格式如下。

GRANT 权限列表 ON 目标数据库 TO 用户;

参数说明：

1）权限列表：指授予的权限信息，例如，SELECT、INSERT等。各权限之间用逗号分隔。

2）目标数据库：要授予的数据库或表名。"*"表示当前数据库中所有表，"数据库名.*"表示某个数据库中的所有表。

在MySQL中，授予zhangsan用户在myStudent数据库中所有表的SELECT和UPDATE权限，示例代码如下。

GRANT SELECT,UPDATE ON myStudent.* TO zhang3;

运行代码，即可完成对zhang3用户的授权，如图7-6所示。

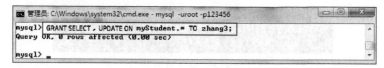

图7-6　用户授权

3. 权限查询

在MySQL中，可以使用SHOW GRANTS语句来显示指定的权限信息，其语法格式如下。

SHOW GRANTS FOR 'username'@'hostname';

参数说明：

1）username：指要查看权限的用户名称。

2）hostname：指服务器的主机名。

在MySQL中，查看root用户在myStudent数据库中所拥有的权限，示例代码如下。

SHOW GRANTS FOR 'root'@'localhost';

运行代码，即可完成对root用户的权限查询，如图7-7所示。

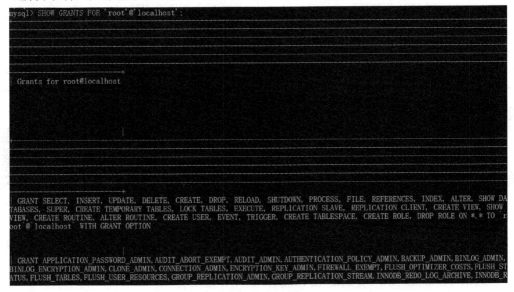

图7-7 权限查询

4. 权限回收

在MySQL中，可以使用REVOKE语句回收用户权限，其语法格式如下。

REVOKE 权限列表 ON 目标数据库 FROM 用户;

参数说明：

REVOKE语句参数的含义与GRANT语句相反。

在MySQL中，回收zhang3用户在myStudent数据库中所有表的UPDATE权限，示例代码如下。

REVOKE UPDATE ON myStudent.* FROM zhang3;

运行代码，即可完成对zhang3用户权限的回收，如图7-8所示。

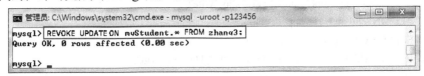

图7-8 权限回收

三、角色管理

为了管理拥有相同权限的用户，在MySQL 8.0中引入了角色的功能，角色是权限的集合，可以为角色添加或移除权限。用户可以被赋予角色，同时也被授予角色包含的权限。对角色进行操作需要较高的权限。像用户账户一样，角色可以拥有授予和撤销的权限。在角色中角色管理使用的语句，见表7-2。

表7-2　角色管理语句

语句	描述
CREATE ROLE与DROP ROLE	角色创建和删除
GRANT与REVOKE	用户的角色分配和撤销权限
SHOW GRANTS	表示显示用户的角色权限和角色分配
SET DEFAULT ROLE	表示指定哪些账户角色默认处于活动状态
SET ROLE	表示更改当前会话中的活动角色
CURRENT_ROLE()	表示显示当前会话中的活动角色

任务实施

在应用程序数据库中，假设需要1个开发人员账户、2个需要只读访问权限的用户，以及1个需要读取/写入权限的用户，应使用角色功能分配权限。请根据要求编写以下代码。

扫码观看视频

第一步： 使用CREATE USER创建用户，示例代码如下。

```
CREATE USER 'dev1'@'localhost' IDENTIFIED BY '123456';
CREATE USER 'read_user1'@'localhost' IDENTIFIED BY '123456';
CREATE USER 'read_user2'@'localhost' IDENTIFIED BY '123456';
CREATE USER 'rw_user1'@'localhost' IDENTIFIED BY '123456';
```

运行代码，创建用户，如图7-9所示。

```
mysql> CREATE USER 'dev1'@'localhost' IDENTIFIED BY '123456';
Query OK, 0 rows affected (0.01 sec)

mysql> CREATE USER 'read_user1'@'localhost' IDENTIFIED BY '123456';
Query OK, 0 rows affected (0.00 sec)

mysql> CREATE USER 'read_user2'@'localhost' IDENTIFIED BY '123456';
Query OK, 0 rows affected (0.00 sec)

mysql> CREATE USER 'rw_user1'@'localhost' IDENTIFIED BY '123456';
Query OK, 0 rows affected (0.01 sec)

mysql>
```

图7-9　创建用户

第二步： 使用CREATE ROLE创建角色并用GRANT分配权限给角色，示例代码如下。

```
CREATE ROLE 'app_developer', 'app_read', 'app_write';
GRANT ALL ON app_db.* TO 'app_developer';
GRANT SELECT ON app_db.* TO 'app_read';
GRANT INSERT, UPDATE, DELETE ON app_db.* TO 'app_write';
```

运行代码，分配权限，如图7-10所示。

```
mysql> CREATE ROLE 'app_developer', 'app_read', 'app_write';
Query OK, 0 rows affected (0.00 sec)

mysql> GRANT ALL ON app_db.* TO 'app_developer';
Query OK, 0 rows affected (0.00 sec)

mysql> GRANT SELECT ON app_db.* TO 'app_read';
Query OK, 0 rows affected (0.00 sec)

mysql> GRANT INSERT, UPDATE, DELETE ON app_db.* TO 'app_write';
Query OK, 0 rows affected (0.00 sec)
```

图7-10　分配权限

第三步： 为每个用户分配其所需的角色，使用GRANT语句分别为每个用户授予个人角色，示例代码如下。

GRANT 'app_developer' TO 'dev1'@'localhost';
GRANT 'app_read' TO 'read_user1'@'localhost', 'read_user2'@'localhost';
GRANT 'app_read', 'app_write' TO 'rw_user1'@'localhost';

运行代码，授予角色，如图7-11所示。

```
mysql> GRANT 'app_developer' TO 'dev1'@'localhost';
Query OK, 0 rows affected (0.00 sec)

mysql> GRANT 'app_read' TO 'read_user1'@'localhost', 'read_user2'@'localhost';
Query OK, 0 rows affected (0.00 sec)

mysql> GRANT 'app_read', 'app_write' TO 'rw_user1'@'localhost';
Query OK, 0 rows affected (0.00 sec)
```

图7-11　授予角色

第四步： 使用SHOW GRANTS验证分配给用户的角色，示例代码如下。

SHOW GRANTS FOR 'dev1'@'localhost';

运行代码，验证分配角色，如图7-12所示。

```
mysql> SHOW GRANTS FOR 'dev1'@'localhost';
+---------------------------------------+
| Grants for dev1@localhost             |
+---------------------------------------+
| GRANT USAGE ON *.* TO `dev1`@`localhost`           |
| GRANT `app_developer`@`%` TO `dev1`@`localhost`    |
+---------------------------------------+
2 rows in set (0.00 sec)
```

图7-12　验证分配角色

第五步： 使用DROP ROLE删除角色，示例代码如下。

DROP ROLE 'app_read', 'app_write';

运行代码，删除角色，如图7-13所示。

```
mysql> DROP ROLE 'app_read', 'app_write';
Query OK, 0 rows affected (0.00 sec)

mysql>
```

图7-13　删除角色

任务2 数据库备份与恢复

任务描述

当数据库系统在运行过程中出现故障，计算机系统出现操作失误或系统故障，计算机病毒或者物理介质故障等情况时，数据库没来得及存储的情况下，会造成数据丢失。为了保证数据安全，需要定期对数据库进行备份。如果数据库中的数据出现了错误，可以使用

备份进行数据还原，将损失降至最低。本任务将学习使用MySQL的管理工具mysqldump和mysqlimport备份与恢复数据，以及用日志备份与恢复数据的方法。

知识准备

一、数据库的备份

为了保证数据安全，数据库管理员应定期对数据库进行备份。为了提升数据库的安全性，备份操作应定期进行，并且，在备份时要在不同的磁盘位置保存多个副本，以确保备份安全。备份数据库的语法格式如下。

> mysqldump -u 用户名 -h 主机名 -p密码 数据库名>文件名.sql;

参数说明：

1）用户名：指管理用户的名称。

2）主机名：用户登录的主机名称。如果是本机可用localhost表示。

3）-p密码：登录密码。密码写在"-p"参数后面，特别注意"-p"和密码之间没有空格。

4）数据库名：指需要备份的数据库名字。

5）>：指将备份内容备份到文件。

6）文件名.sql：指备份文件的名称，这里的文件名是指文件的绝对路径，文件名以".sql"扩展名结尾。备份文件系统会自动创建，无须手工创建。

7）运行mysqldump命令无须登录MySQL数据库，直接在命令提示符窗口中执行命令即可。

将用于测试的数据库testStudent备份，备份文件存储至"D:/bak.sql"目录，示例代码如下。

> mysqldump -uroot -hlocalhost --default-character-set=gbk -p123456 testStudent>D:/bak.sql

注意：上述语句中的"--default-character-set=gbk"语句为指定默认字符集语句。

运行代码，即可将testStudent数据库成功备份，如图7-14所示。

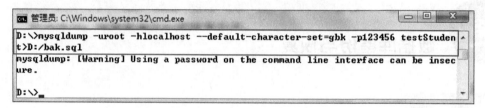

图7-14 备份testStudent数据库

从图7-14中可以看出，testStudent数据库已经备份成功，查看D盘下的"bak.sql"文件，可以看到文件已经是备份好的SQL代码。查看备份文件的内容，如图7-15所示。

图7-15 查看备份文件内容

二、数据库的恢复

数据库恢复就是当数据库出现故障时，将备份的数据库加载到系统，使数据库恢复到备份时的正确状态。对于使用mysqldump命令备份形成的".sql"文件，可以使用mysql命令导入到数据库中，其语法格式如下。

mysql -u 用户名 -p密码 数据库名<文件名.sql;

参数说明：

1）用户名：指管理用户的名称。

2）密码：登录密码。

3）数据库名：指恢复到具体的哪个数据库，该数据库默认情况下需要事先创建。

4）<：指从指定的文件中来恢复数据。"<"后跟文件的绝对路径。

将用于测试的数据库testStudent恢复，采用备份文件为"D:/bak.sql"，示例代码如下。

mysql -uroot -p123456 testStudent<D:/bak.sql

运行代码，即可将testStudent数据库内容成功恢复，如图7-16所示。

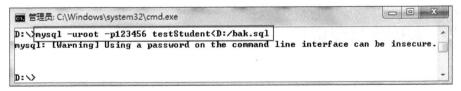

图7-16 恢复数据库testStudent

注意：在执行恢复数据库之前，需要先将testStudent数据库删除，重新建立一个新的testStudent数据库，再执行恢复数据库的命令。

数据库 应用与管理

任务实施

第一步：打开myStudent数据库，示例代码如下。

扫码观看视频

```
Use myStudent;
```

第二步：用mysqldump备份Departments表，将文件保存在"D:/"文件夹中，示例代码如下。

```
mysqldump -uroot -proot mystudent Departments>d:/Departments.sql;
```

运行代码，如图7-17所示，此时发现在D盘的根目录下存在"Departments.sql"文件。

```
C:\Program Files\MySQL\MySQL Server 8.0\bin>Mysqldump -uroot -proot mystudent Departments>d:/Departments.sql
mysqldump: [Warning] Using a password on the command line interface can be insecure.

C:\Program Files\MySQL\MySQL Server 8.0\bin>
```

图7-17　备份Departments表

第三步：删除数据表，示例代码如下。

```
DROP TABLE Departments;
```

运行代码，如图7-18所示，说明表Departments已被删除。

```
mysql> use mystudent;
Database changed
mysql> DROP TABLE Departments;
Query OK, 0 rows affected (0.01 sec)

mysql>
```

图7-18　删除Departments表

第四步：再用".sql"文件导入进行恢复，查看恢复情况，示例代码如下。

```
Mysql -uroot -proot mystudent <d:/Departments.sql;
```

运行代码，还原备份Departments表，如图7-19所示。

```
C:\Program Files\MySQL\MySQL Server 8.0\bin>Mysql -uroot -proot mystudent <d:/Departments.sql
Mysql: [Warning] Using a password on the command line interface can be insecure.

C:\Program Files\MySQL\MySQL Server 8.0\bin>
```

图7-19　还原备份Departments表

任务3　数据库性能优化

任务描述

优化MySQL数据库是数据库管理员的必备技能。性能优化是通过某些有效的方法提高MySQL数据库的性能，使MySQL数据库运行速度更快、占用的磁盘空间更小。不管是在进行数据库表结构设计，还是在创建索引、创建查询数据库操作的时候，都需要注意数据库的性能。性能优化包括很多方面。本任务主要讲解数据库的性能优化。

知识准备

一、优化MySQL服务器

1. 通过修改"my.ini"文件进行性能优化

MySQL配置文件（my.ini文件）保存了服务器的配置信息，通过修改"my.ini"文件的内容可以优化服务器，提高性能。例如，在默认情况下，索引的缓冲区大小为16MB，为得到更好的索引处理性能，可以指定索引的缓冲区大小。现要指定索引的缓冲区大小为256MB，可以打开"my.ini"文件进行修改，在[mysqld]后面加上如下代码。

```
key_buffer_size=256M
```

假设用作MySQL服务器的计算机内存有4GB，推荐设置参数，见表7-3。

表7-3 推荐设置参数

参数	描述
sort_buffer_size=6M	查询排序时所能使用的缓冲区大小
read_buffer_size=4M	读查询操作所能使用的缓冲区大小
join_buffer_size=8M	联合查询操作所能使用的缓冲区大小
query_cache_size=64M	查询缓冲区的大小
max_connections=800	指定MySQL允许的最大连接进程数

2. 通过MySQL控制台进行性能优化

数据库管理人员可以使用SHOW STATUS或SHOW VARIABLES LIKE语句来查询MySQL数据库的性能参数，然后用SET语句对系统变量进行赋值。使用value参数时常用的统计参数，见表7-4。

表7-4 常用的统计参数

参数	描述
Connections	连接MySQL服务器的次数
Uptime	MySQL服务器的上线时间
Slow_queries	慢查询的次数
Com_select	查询操作的次数
Com_insert	插入操作的次数
Com_update	更新操作的次数
Com_delete	删除操作的次数

【示例】查看试图连接到MySQL（不管是否连接成功）的连接次数，示例代码如下。

```
SHOW STATUS LIKE 'Connections';
```

运行代码，查看连接次数，如图7-20所示。通过图7-20可以看出当前MySQL数据库服务器的连接次数为22次。

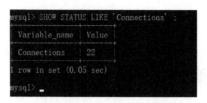

图7-20　查看连接次数

利用SHOW VARIABLES LIKE语句查询MySQL数据库的性能，其语法格式如下。

SHOW VARIABLES LIKE 'value';

其中，value参数是常用的几个统计参数，说明如下：

1）key_buffer_size：表示索引缓存的大小。

2）table_cache：表示同时打开的表的个数。

3）query_cache_size：表示查询缓冲区的大小。

4）query_cache_type：表示查询缓存区的开启状态。0表示关闭，1表示开启。

5）sort_buffer_size：排序缓存区的大小，这个值越大，排序就越快。

6）innodb_buffer_pool_size：表示InnoDB类型的表和索引的最大缓存。

【示例】要设置查询缓冲区的系统变量，可先执行以下命令进行观察，示例代码如下。

SHOW VARIABLES LIKE '%query_cache%';

运行代码，查询缓冲区的系统变量，如图7-21所示。

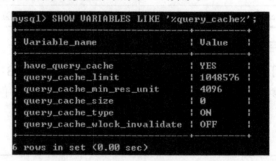

图7-21　查询缓冲区的系统变量

二、优化表结构

优化表结构可以从三个方面进行，分别是通过分解表、中间表和保留冗余字段来提高查询效率。其中：

1. 通过分解表来提高查询效率

对于字段较多的数据表，如果有些字段的使用频率低，或者某些字段很多条记录的值为空，可以将这些字段分离出来形成另一张新数据表。

分表主要包含两种方式，其中，水平分表根据某一列或者某几列将表按行分割到多张表中，达到减少每张表行数的目的，例如，可以将一张表中的多个字段拆成两张表，一张是不经常更改的，一张是经常改的；垂直分表，将表的一些列拆分到多张表中，达到减少每张表列数的目的，例如，user表可以拆分为user0、user1、user2、user3和user4等。

2. 通过中间表来提高查询效率

对于需要经常联合查询的数据表，可以建立一张中间数据表以提高查询效率。通过建立中间数据表，把需要经常查询的数据插入中间数据表中，然后将原来的联合查询改为对中间数据表的查询，可以提高查询效率。

【示例】在myStudent数据库，假设要经常查询学生姓名、课程名和成绩情况。由于这些信息分别来自students、course和score这3张表，因此必须进行连接查询。现将这些字段添加至一张中间表student_INFO中。此时可以创建中间表，示例代码如下。

```
CREATE TABLE student_INFO
(
S_NO  VARCHAR(6)  NOT NULL,
S_NAME VARCHAR(6)  NOT NULL,
C_NAME VARCHAR(9)  NOT NULL,
SCORE FLOAT(6, 2)    NOT NULL
);
```

创建表之后，在表中插入学生姓名、课程名和成绩等信息，示例代码如下。

```
INSERT INTO student_INFO
SELECT students.S_NO, students.S_NAME, course.C_NAME, score.report
FROM students, course, score
WHERE students.S_NO=score.S_NO
AND course.C_NO=score.C_NO;
```

运行代码，创建表和插入数据，如图7-22所示。

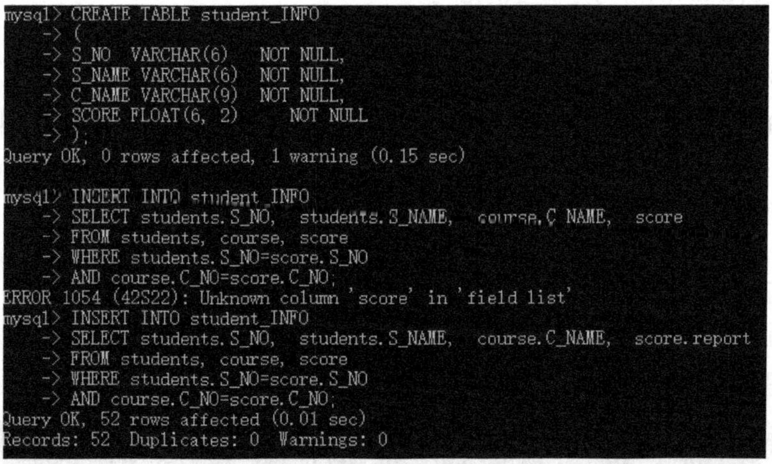

图7-22　创建表和插入数据

通过查看中间表student_INFO中的数据，如图7-23所示。之后查询相关信息就可以从中间表进行查询统计，不需要进行多表的连接，提高查询效率。

图7-23 查询中间表中的数据

3. 通过保留冗余字段提高查询效率

设计数据表时应尽量遵循范式理论的基本规约，尽可能减少冗余字段，让数据库中的数据表结构精致、优雅。但是，合理地加入冗余字段可以提高查询速度。

例如，课程的信息存储在course表中，成绩信息存储在score表中，两表通过课程编号C_NO建立关联。如果要查询选修某门课（例如，MySQL）的学生，必须从course表中查找课程名称所对应的课程编号（C_NO），然后根据这个编号到score表中查找该课程成绩。为减少查询时由于建立连接查询浪费的时间，可以在score表中增加一个冗余字段c_name，该字段用来存储课程的名称。

三、优化查询

1. 分析查询语句

（1）使用EXPLAIN语句分析查询语句

EXPLAIN语句的基本语法格式如下。

```
EXPLAIN [ EXTENDED ] SELECT <SELECT语句的查询选项>;
```

其中EXTENDED关键字是可选项。如果使用该关键字，EXPLAIN语句将产生附加信息。执行上述语句，可以分析EXPLAIN后面的SELECT语句的执行情况，并且能够分析出所查询的数据表的一些特征。

【示例】使用EXPLAIN语句分析查询students数据表的语句，了解该查询语句的执行情况，并对分析结果中各个字段的含义与作用进行解读，示例代码如下。

```
EXPLAIN SELECT * FROM students;
```

运行代码，可以查询students表的执行情况，如图7-24所示。

图7-24 查询students表的执行情况

（2）使用DESCRIBE语句分析查询语句

DESCRIBE语句的基本语法格式如下。

DESCRIBE | DESC SELECT <SELECT语句的查询选项>；

【示例】使用DESCRIBE语句分析查询students数据表的语句，了解该查询语句的执行情况，并对分析结果中各个字段的含义与作用进行解读，示例代码如下。

DESC SELECT * FROM students;

运行代码，返回分析结果，如图7-25所示。这两种方法的分析结果相同。

```
mysql> DESC SELECT * FROM students;
+----+-------------+----------+------------+------+---------------+------+---------+------+------+----------+-------+
| id | select_type | table    | partitions | type | possible_keys | key  | key_len | ref  | rows | filtered | Extra |
+----+-------------+----------+------------+------+---------------+------+---------+------+------+----------+-------+
| 1  | SIMPLE      | students | NULL       | ALL  | NULL          | NULL | NULL    | NULL | 20   | 100.00   | NULL  |
+----+-------------+----------+------------+------+---------------+------+---------+------+------+----------+-------+
1 row in set, 1 warning (0.00 sec)
```

图7-25　使用DESCRIBE语句分析查询结果

使用EXPLAIN和DESCRIBE语句对数据表分析结果相同，查询结果中各个字段的含义与功能，见表7-5。分析结果中select_type的主要取值，见表7-6。

表7-5　查询结果中各个字段的含义与功能

字段名称	功能说明
id	SELECT语句的ID（查询序列号）
select_type	SELECT语句的类型，其主要取值见表7-6
table	查询的数据表名称
partitions	分区
type	数据表的连接类型，从最佳类型到最差类型的连接类型分别为system、const、eq_reg、ref、ref_or_Null、index_merge、unique_subquery、index_subquery、range、index和ALL，一般来说，得保证查询至少达到range级别，最好能达到ref级别。其中ALL表示对数据表的任意记录组合，进行完整的数据表扫描
possible_keys	可供选择使用的索引，如果该列的值为Null，则表示没有相关的索引
key	查询实际使用的索引，如果该列的值为Null，则表示没有使用索引。可以在SELECT语句中使用FORCE INDEX（index_name）来强制使用possible_keys字段的索引或者用IGNORE INDEX（index_name）来强制忽略possible_keys字段的索引
key_len	实际使用索引的长度（按字节计算），在不损失准确性的情况下，长度越短越好，如果键是Null，则长度为Null
ref	显示索引的哪一个字段或常数被使用了
rows	查询时检查的行数
filtered	依据数据表查询条件过滤记录所占的比例
Extra	查询时的其他信息，常用的信息及含义如下 Using index condition：只用到索引，可以避免访问数据表，性能很好 Using Where：用到Where来过滤数据 Using temporary：用到临时表去处理当前的查询 Using filesort：用到额外的排序，此时MySQL会根据连接类型浏览所有符合条件的记录，并保存排序关键字和行指针，然后排序关键字按顺序检索行 Range checked for each record（index map: N）：没有好的索引可以使用 Using index for group-by：表明可以在索引中找到分组所需的所有数据，不需要查询实际的表

表7-6 分析结果中select_type的主要取值

名称	含义
Simple	简单查询，没有使用连接查询（UNION）或者子查询
Primary	最外层的查询语句或者主查询
Union	在一个连接查询（UNION）中的第2个或后面的SELECT语句
Dependent Union	在一个连接查询（UNION）中的第2个或后面的SELECT语句，并且依赖于外层查询
Union Result	连接查询（UNION）的结果
Subquery	子查询中的第1个SELECT语句
Dependent Subquery	子查询中的第1个SELECT语句，并且依赖于外层查询
Derived	派生表（Derived Table）
Materialized	实例化子查询（Materialized Subquery）
Uncacheable Subquery	不能缓存结果的子查询，并且必须为外部查询的每一行重新计算结果
Uncacheable Union	在一个uncacheable Subquery的UNION语句中的第2个或后面的SELECT语句

2. 使用索引优化查询

索引可以快速定位数据表中的某条记录，使用索引可以提高数据库的查询速度，从而提升数据库的性能。在数据量大的情况下，如果不使用索引，查询语句将扫描数据表中的所有记录，这样查询的速度会很慢。如果使用索引，查询语句可以根据索引快速定位到待查询记录，从而减少查询的记录数，达到提高查询速度的目的。使用索引优化查询有以下特点：

1）使用LIKE关键字进行查询的查询语句中，如果匹配字符串的第1个字符为"%"，索引就不会起作用。只有"%"不在第1个位置，索引才会起作用。

2）MySQL中可以使用多个字段创建索引，一个索引可以包括16个字段。

3）查询语句的查询条件中有OR关键字，并且当OR关键字前后的两个条件中的字段都是索引时，查询中才使用索引。否则，查询将不使用索引，示例代码如下。

EXPLAIN SELECT * FROM students WHERE sex='男' \G

【示例】对性别增加索引，示例代码如下。

ALTER TABLE student ADD INDEX (SEX);

之后再查看EXPLAIN语句的运行结果，示例代码如下。运行代码，查看EXPLAIN语句结果，如图7-26所示。

EXPLAIN SELECT * FROM students WHERE sex='男' \G;

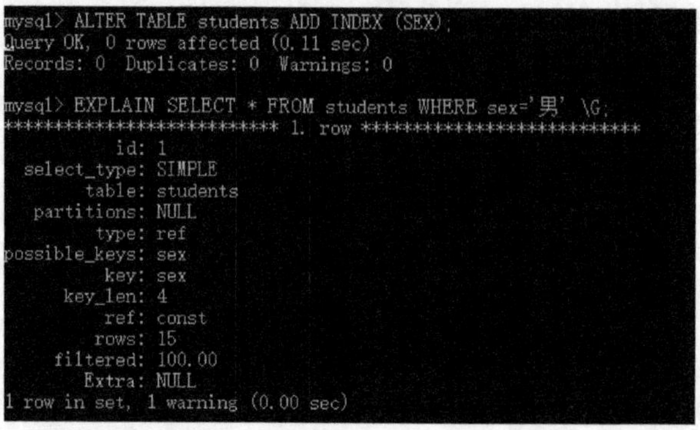

图7-26 查看EXPLAIN语句结果

3. 优化子查询

使用子查询可以进行SELECT语句的嵌套查询，即一个SELECT查询的结果作为另一个SELECT语句的条件。子查询可以一次性完成很多逻辑上需要多个步骤才能完成的SQL查询操作。子查询虽然可以使查询语句更灵活，但执行效率不高。执行子查询时，MySQL需要为内层查询语句的查询结果建立一张临时表，然后外层查询语句从临时表中查询记录，查询完毕后再撤销临时表。因此，子查询的速度会受到一定的影响。如果查询的数据量较大，这种影响就会很大。

在MySQL中，可以使用连接（JOIN）查询来替代子查询。连接查询不需要建立临时表，其速度比子查询要快，如果在查询中使用索引的话，性能会更好。连接查询之所以效率更高一些，是因为MySQL不需要在内存中创建临时表来完成查询工作。

【示例】查找不及格的学生姓名，先运行子查询，从score表中找出不及格的学生学号S_NO，创建一张临时表，再将子查询的结果传递给主查询，执行主查询，示例代码如下。

```
SELECT S_NAME FROM  students  WHERE S_NO IN ( SELECT S_NO FROM score WHERE score<60 );
```

如果把上面的SQL语句改为使用JOIN连接，由于S_NO字段创建了索引，性能会更好，示例代码如下。

```
SELECT S_NAME FROM  students  JOIN  score USING(S_NO) WHERE SCORE<60 ;
```

4. SQL语句的优化

对SQL语句进行优化主要从以下几个方面：

1）对查询语句进行优化时，要尽量避免全表扫描，应先考虑在WHERE及ORDER BY子句涉及的字段上建立索引。

2）应尽量避免在WHERE子句中对字段进行NULL判断，否则将导致引擎放弃使用索引而进行全表扫描。

3）应尽量避免在WHERE子句中使用"!="或"<>"运算符，否则将导致引擎放弃使用索引而进行全表扫描。

4）应尽量避免在WHERE子句中使用OR来连接条件。如果一个字段有索引，一个字段没有索引，将导致引擎放弃使用索引而进行全表扫描。

5）如果在WHERE子句中使用了参数，也会导致全表扫描。因为SQL语句只有在被执行时才会解析局部变量，但优化程序不能将访问数据表计划的选择推迟到SQL语句执行时，它必须在编译时进行选择。应尽量避免在WHERE子句中对字段进行函数操作，否则将导致引擎放弃使用索引而进行全表扫描。不要在WHERE子句中的"="左边进行函数、算术运算或其他表达式运算，否则系统将可能无法正确使用索引。

6）在使用索引字段作为条件时，如果该索引是复合索引，那么必须使用到该索引中的第1个字段作为条件才能保证系统使用该索引，否则该索引将不会被使用，并且应尽可能地让字段顺序与索引顺序一致。

7）使用UPDATE语句更改数据表字段值时，如果只更改一两个字段，就不要UPDATE

全部字段，否则频繁调用会引起明显的性能消耗，同时带来大量日志。

8）应尽可能避免更新聚集索引（clustered），因为聚集索引字段的顺序就是数据表记录的物理存储顺序。一旦该字段值改变，将导致整张数据表的记录顺序都需要被调整，会耗费相当大的资源。

任务实施

扫码观看视频

第一步：设置MySQL服务器的连接数（max_connections）为1024，示例代码如下。

```
SET GLOBAL max_connections=1024;
SHOW VARIABLES LIKE '%max_connections%';
```

运行代码，设置连接数如图7-27所示。

```
mysql> SET GLOBAL max_connections=1024;
Query OK, 0 rows affected (0.00 sec)

mysql> SHOW VARIABLES LIKE '%max_connections%';
+-----------------------+-------+
| Variable_name         | Value |
+-----------------------+-------+
| max_connections       | 1024  |
| mysqlx_max_connections | 100  |
+-----------------------+-------+
2 rows in set, 1 warning (0.00 sec)
```

图7-27　设置连接数

第二步：打开"my.ini"，找到[mysqld]在其设置索引查询排序时所能使用的缓冲区大小（sort_buffer_size）为6MB，示例代码如下。

```
sort_buffer_size=6M;
```

第三步：设置读查询操作所能使用的缓冲区大小（read_buffer_size）为4MB，示例代码如下。

```
read_buffer_size=4M;
```

第四步：设置联合查询操作所能使用的缓冲区大小（join_buffer_size）为8MB，示例代码如下。

```
join_buffer_size=8M;
```

第五步：设置查询缓冲区的大小（query_cache_size）为64MB，示例代码如下。

```
query_cache_size=64M;
```

本项目通过对数据安全与优化的讲解，对MySQL数据库中数据安全与性能优化的相关

措施有初步了解，对用户权限的设置、数据库的备份与恢复以及数据库性能优化的实现有所了解和掌握，最后通过所学知识为之后的MySQL学习打好基础。

课后习题

选择题

（1）在MySQL安装之后，系统会自动创建一个名为（　　　）的数据库。

    A．mysql   B．admin   C．user   D．username

（2）在MySQL中，默认情况下只有一个（　　　）用户来管理各类数据库。

    A．user   B．admin   C．sql   D．root

（3）在MySQL中，只有（　　　）用户才可以设置或修改当前用户或其他特定用户的密码。

    A．user   B．sql   C．root   D．admin

（4）（　　　）权限可以给予用户使用SELECT语句访问特定表的权限。

    A．INSERT   B．CREATE

    C．REFERENCES   D．SELECT

（5）（　　　）权限可以给予用户使用INSERT语句访问特定表的权限。

    A．INSERT   B．CREATE

    C．REFERENCES   D．SELECT

（6）（　　　）权限可以给予用户使用CREATE语句访问特定表的权限。

    A．INSERT   B．CREATE

    C．REFERENCES   D．SELECT

（7）在MySQL中，可以使用（　　　）语句来显示指定的权限信息。

    A．SHOW USER   B．SHOW GATE

    C．SHOW GRANTS   D．SHOW GANETED

（8）在MySQL中，可以使用（　　　）语句为回收用户权限。

    A．REMOVE   B．REVOKE   C．RESELECT   D．REGRANTS

（9）为了管理拥有相同权限的用户，在MySQL 8.0中引入了角色的功能，角色是（　　　）的集合。

    A．语句   B．代码段   C．数据表   D．权限

（10）对于使用（　　　）命令备份形成的.sql文件，可以使用mysql命令导入到数据库中。

    A．mysqlup   B．mysqlsetup

    C．mysqldump   D．mysqlbackup

学习评价

通过学习本项目，看自己是否掌握了以下技能，在技能检测表中标出已掌握的技能。

评价标准	个人评价	小组评价	教师评价
（1）是否具备独立创建用户与设定权限的能力			
（2）是否具备数据库备份与恢复的能力			
（3）是否具备独立进行数据库性能优化的能力			

注：A为能做到；B为基本能做到；C为部分能做到；D为基本做不到。

项目 8

综合项目实战

项目导言

　　网上商城系统又称在线商城系统，是一个功能完善的在线购物系统，主要为在线销售和在线购物服务。其功能主要分为两部分，一部分是面向用户部分，包含用户在线注册、购物、提交订单和付款等操作；另一部分是商城管理部分，这部分内容包括产品的添加、删除、查询、订单的管理、操作员的管理和注册会员的管理等。随着互联网的发展成熟，网上商城系统的搭建能够帮助企业把现有的业务系统整合，集中优势资源为客户提供个性化服务，并为企业创建一个良好的收入渠道。让我们跟随本项目，一起来学习吧。

学习目标

➤ 了解数据库规范化设计的概念；

➤ 熟悉网上商城系统数据库环境的创建流程；

➤ 具备独立完成网上商城系统的数据库设计的能力；

➤ 具备精益求精、坚持不懈的精神；

➤ 具有独立解决问题的能力；

➤ 具备灵活的思维和处理分析问题的能力；

➤ 具有责任心。

任务 ▶ **数据库规范化设计**

任务描述

确定开发项目后，首先要做的就是设计数据库，规范设计和使用数据库可以在项目开发过程中起到事半功倍的效果。本任务通过分析网上商城系统的需求，以网上商城中购物和信息管理两大模块为对象，结合数据库设计理论，使用系统建模工具演绎网上商城系统的数据库设计过程。

知识准备

网上商城系统概述

B2C（Business-to-Customer，商家对顾客）是电子商务的典型模式，企业直接面向消费者销售产品和服务。消费者在网上选购商品和服务、发表相关评论及电子支付等。由于这种模式节省了客户和企业的时间和空间，大大提高了交易效率，是目前广泛流行的商品交易模式。

网上商城系统通常包括购物和信息管理两大功能模块，其中，用户购物主要面向用户，一般也称为系统前台，其功能主要有浏览商品、个人中心、添加购物车和提交订单等；而信息管理主要面向管理员，也称为系统后台，主要包括维护商品、会员及系统设置等功能。

网上商城主要面向管理员、会员和游客三类用户群体，主要包含前台界面和后台界面，前台界面主要是用于购物，包含浏览商品、购买商品和用户中心等功能，后台主要是用于管理员的管理，包括商品信息的维护、会员信息的维护、订单的维护、管理员信息的维护和其他一些管理性工作。

根据系统功能和用户群体，可以绘制系统用例，如图8-1和图8-2所示。

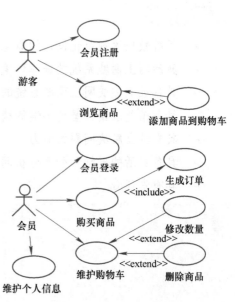

图8-1　系统用例图1

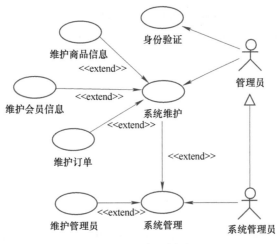

图8-2 系统用例图2

任务实施

扫码观看视频

第一步：根据系统用例图，找出抽象实体名称，在网上商城系统中包含商品、会员、订单、商品类别和管理员等实体。

第二步：确定实体间的关系，实体关系图如图8-3所示。

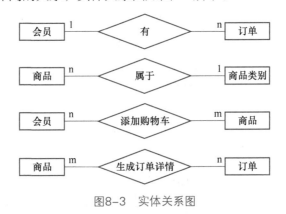

图8-3 实体关系图

第三步：绘制E-R图，如图8-4所示。

第四步：根据网上商城系统的E-R模型和转换原则，其中会员、商品、商品类别和订单等实体及添加购物车和订单详情的关系模式设计如下。

1）商品类别（类别id，类别名称）。

2）商品（商品id，类别id，商品编号，商品名，商品价格，库存量，销售量，上架时间，是否热销，商品图片）。

3）会员（用户id，登录名，姓名，密码，性别，出生日期，所在城市，邮箱，积分，注册日期）。

4）订单（订单id，用户id，订单编号，订单金额，下单时间）。

5）购物车（购物车id，用户id，商品id，购买数量）。

6）订单详情（详情id，订单id，商品id，下单数量）。

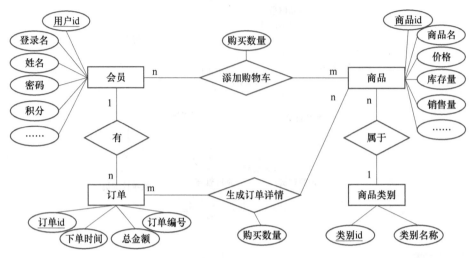

图8-4　E-R图

第五步： 使用PowerDesigner建立系统模型。

根据关系模型使用PowerDesigner建立系统模型，如图8-5所示。

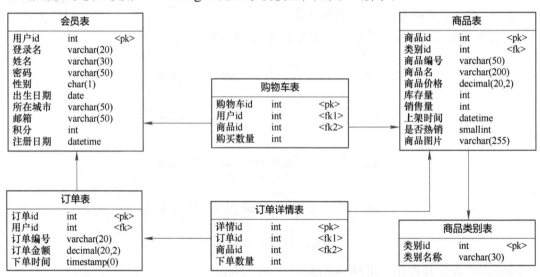

图8-5　系统模型图

第六步： 使用SQL语句，创建名为dshop的数据库，示例代码如下。

CREATE DATABASE dshop;

第七步： 创建数据库表，示例代码如下。

CREATE TABLE 'users' (
　'uid' INT(0) NOT NULL AUTO_INCREMENT COMMENT '用户id',
　'ulogin' VARCHAR(20) CHARACTER SET utf8 COLLATE utf8_general_ci NOT NULL COMMENT '登录名',

'uname' VARCHAR(30) CHARACTER SET utf8 COLLATE utf8_general_ci NOT NULL COMMENT '姓名',

'upwd' VARCHAR(50) CHARACTER SET utf8 COLLATE utf8_general_ci NOT NULL COMMENT '密码',

'ugender' CHAR(1) CHARACTER SET utf8 COLLATE utf8_general_ci NOT NULL DEFAULT '男' COMMENT '性别',

'ubirthday' DATETIME(0) NULL DEFAULT NULL COMMENT '出生日期',

'ucity' VARCHAR(50) CHARACTER SET utf8 COLLATE utf8_general_ci NULL DEFAULT NULL COMMENT '所在城市',

'uemail' VARCHAR(50) CHARACTER SET utf8 COLLATE utf8_general_ci NULL DEFAULT NULL COMMENT '邮箱',

'ucredit' INT(0) NOT NULL DEFAULT 0 COMMENT '积分',

'uregtime' DATETIME(0) NOT NULL DEFAULT CURRENT_TIMESTAMP(0) COMMENT '注册日期',

PRIMARY KEY ('uid') USING BTREE

);

CREATE TABLE 'cart' (

'cart_id' INT(0) NOT NULL AUTO_INCREMENT COMMENT '购物车id',

'uid' INT(0) NOT NULL COMMENT '会员id',

'gid' INT(0) NOT NULL COMMENT '商品id',

'cnum' INT(0) NOT NULL DEFAULT 0 COMMENT '购买数量',

PRIMARY KEY ('cart_id') USING BTREE

);

CREATE TABLE 'category' (

'cid' INT(0) NOT NULL AUTO_INCREMENT COMMENT '类别id',

'cname' VARCHAR(30) CHARACTER SET utf8mb4 COLLATE utf8mb4_0900_ai_ci NOT NULL COMMENT '类别名称',

PRIMARY KEY ('cid') USING BTREE

);

CREATE TABLE 'goods' (

'gid' INT(0) NOT NULL AUTO_INCREMENT COMMENT '商品id',

'cid' INT(0) NOT NULL COMMENT '类别id,外键',

'gcode' VARCHAR(50) CHARACTER SET utf8 COLLATE utf8_general_ci NOT NULL COMMENT '商品编号',

'gname' VARCHAR(200) CHARACTER SET utf8 COLLATE utf8_general_ci NOT NULL COMMENT '商品名',

'gprice' DECIMAL(20, 2) NOT NULL DEFAULT 0.00 COMMENT '商品价格',

'gquantity' INT(0) NULL DEFAULT 0 COMMENT '库存量',

'gsale_qty' INT(0) NOT NULL DEFAULT 0 COMMENT '销售量',

'gaddtime' TIMESTAMP(0) NOT NULL DEFAULT CURRENT_TIMESTAMP(0) COMMENT '上架时间',

'gishot' TINYINT(0) NULL DEFAULT 0 COMMENT '是否热销',

'gimage' VARCHAR(255) CHARACTER SET utf8 COLLATE utf8_general_ci NULL DEFAULT NULL COMMENT '商品图片',

PRIMARY KEY ('gid') USING BTREE

);

CREATE TABLE 'orders' (

'oid' INT(0) NOT NULL AUTO_INCREMENT COMMENT '订单id',

'uid' INT(0) NOT NULL COMMENT '用户id',

```
'ocode' VARCHAR(20) CHARACTER SET utf8 COLLATE utf8_general_ci NOT NULL COMMENT '订单编号',
'oamount' DECIMAL(20, 2) NOT NULL DEFAULT 0.00 COMMENT '订单金额',
'ordertime' TIMESTAMP(0) NOT NULL DEFAULT CURRENT_TIMESTAMP(0) COMMENT '下单时间',
PRIMARY KEY ('oid') USING BTREE
);
```

第八步：插入部分数据，示例代码如下。

```
INSERT INTO 'cart' VALUES (1, 3, 2, 1);
INSERT INTO 'cart' VALUES (2, 3, 6, 1);
INSERT INTO 'category' VALUES (1, '图书');
INSERT INTO 'category' VALUES (2, '乐器');
INSERT INTO 'goods' VALUES (1, 1, 'G0101', '林清玄启悟人生系列：愿你，归来仍是少年', 29.00, 996,
4, '2021-06-07 10:21:38', 0, '/resources/upload/g0111.jpg');
```

第九步：查询goods（商品信息表）中所有的商品编号、商品名、商品价格和销售量，示例代码如下。

```
SELECT gcode ,gname,gprice,gsale_qty FROM goods;
```

第十步：查询users（用户信息表），列出姓名和用户年龄，示例代码如下。

```
SELECT uname, year(now())-year(ubirthday) FROM users ;
```

第十一步：查询goods表，列出商品名、商品价格和销售量，结果集中各列的标题指定为商品名、商品价格和销售量，示例代码如下。

```
SELECT gname AS 商品名, gprice AS 价格, gsale_qty AS 销售量 FROM goods ;
```

第十二步：查询users表，找出姓名（uname）以"李"开头的姓名、性别和登录名，示例代码如下。

```
SELECT uname, ugender, ulogin
FROM users
WHERE uname LIKE '李%' ;
```

第十三步：查询users表，找出uname第2个字为"湘"的用户姓名、性别和所在城市，示例代码如下。

```
SELECT uname, ugender, ucity
FROM users
WHERE uname LIKE '_湘%' ;
```

第十四步：创建名为view_cart的视图，用来显示购物车信息，列出用户id、姓名、商品id、商品名、购买数量以及商品价格，示例代码如下。

```
CREATE VIEW view_cart(uid, uname, gid, gname, price, num)
AS
SELECT u.uid, u.uname, g.gid, g.gname, g.gprice, c.cnum
FROM users u JOIN cart c JOIN goods g
ON u.uid=c.uid AND c.gid=g.gid ;
```

第十五步：修改名为view_cart的视图，在原有查询的基础上增加用户的邮箱，示例代码如下。

```
CREATE OR REPLACE VIEW view_cart(uid,uname,uemail,gid,gname,price,num)
AS
SELECT u.uid, u.uname, u.uemail, g.gid, g.gname, g.gprice, c.cnum
FROM users u JOIN cart c JOIN goods g
ON u.uid=c.uid AND c.gid=g.gid ;
```

项目小结

本项目通过对数据库规范化设计的讲解，对网上商城系统有初步了解，并能够掌握网上商城系统数据的设计方法。

学习评价

通过学习本项目，看自己是否掌握了以下技能，在技能检测表中标出已掌握的技能。

评价标准	个人评价	小组评价	教师评价
（1）是否具备独立建立系统模型的能力			
（2）是否具备独立使用MySQL数据库的能力			

注：A为能做到；B为基本能做到；C为部分能做到；D为基本做不到。

参 考 文 献

[1] 廷利. 高性能MySQL[M]. 宁海元，周振兴，张新铭，译. 4版. 北京：电子工业出版社，2022.

[2] 林富荣. 零基础学MySQL数据库管理[M]. 北京：电子工业出版社，2023.

[3] 杜亦舒. MySQL数据库开发与管理实战[M]. 北京：中国水利水电出版社，2022.

[4] 许春艳，王军，张静. MySQL数据库实用技术[M]. 北京：中国铁道出版社，2022.

[5] 蒋桂文，邓谓婵，王进忠，等. MySQL数据库基础与实战应用[M]. 北京：清华大学出版社，2023.

[6] 邓文达，邓河. MySQL数据库运维与管理[M]. 北京：人民邮电出版社，2023.

[7] 周德伟. MySQL数据库基础实例教程[M]. 2版. 北京：人民邮电出版社，2021.